BEP - BAC PRO

J.-M. BLEUX
sous la direction de
J.-P. HERVÉ

Hydraulique industrielle

Connaissances de base

NATHAN

Sommaire

	Avant-propos	3
1.	Introduction	4
2.	Comparaison et domaines d'applications	6
3.	Notions fondamentales d'hydrostatique	10
4.	Notions fondamentales (le débit, la puissance, le couple)	14
5.	Constitution des circuits hydrauliques	18
6.	Le groupe générateur de puissance	22
7.	Le fluide hydraulique - Les huiles	26
8.	Les pompes	30
9.	La filtration	34
10.	Le limiteur de pression	38
11.	Les distributeurs - Principes de fonctionnement	42
12.	Les distributeurs - Symbolisation	46
13.	Différents types de distributeurs 3/2, 4/2	50
14.	Le distributeur 4/3	54
15.	Les clapets antiretour	58
16.	Construction des vérins	62
17.	Les vérins VSE-VDE	66
18.	Les vérins particuliers	70
19.	Les moteurs hydrauliques	74
20.	Les accumulateurs	78
21.	Réglage du débit	82
22.	Les tuyauteries - Les raccords	86
23.	Documentation pour calculs hydrauliques	90
24.	Symbolisation - Symboles hydrauliques	112
25.	La maintenance	116
26.	La schématisation	124
27.	Matériel didactique : banc hydraulique	126
Index		127

ISBN 2.09.177147-2

Avant-propos

Cet ouvrage de la collection « Étapes » s'adresse à tous ceux qui désirent se familiariser avec les systèmes hydrauliques industriels.

Il reprend et développe les principes des installations hydrauliques auxquelles il associe une étude claire et structurée des principaux composants.

En fin de manuel, l'utilisateur trouvera des conseils relatifs à la maintenance ainsi que les tableaux et graphiques utiles aux différents calculs entrant dans la réalisation des unités hydrauliques.

L'étude des systèmes industriels doit passer par la réalisation de travaux pratiques sur banc hydraulique.

En raison de son aspect, à la fois pédagogique et technique, il peut être utilisé aussi bien par des élèves de BEP ou de baccalauréat professionnel MSMA que par les auditeurs de la formation continue.

Il s'adresse également aux élèves des différents BTS de la filière STI.

L'auteur

1 INTRODUCTION

1 Définition

«**Hydraulique**» a pour racine le mot grec *hudor* (eau) : qui est mû par l'eau, qui utilise l'eau (ou un liquide quelconque) pour son fonctionnement.

Dans un système industriel, l'hydraulique se traduit par la transmission et la commande des forces par un liquide (huile hydraulique). Il en résulte un mouvement :

- rectiligne avec travail dans un seul sens : vérin simple effet;
- rectiligne avec travail dans les deux sens : vérin double effet;
- circulaire avec travail dans les deux sens : moteur hydraulique, vérin rotatif.

Avantages

Les systèmes hydrauliques offrent de nombreux avantages et permettent en particulier :

- la transmission de forces et de couples élevés;
- une grande souplesse d'utilisation dans de nombreux domaines;
- une très bonne régulation de la vitesse sur les appareils moteurs, du fait de l'incompressibilité du fluide;
- le démarrage en charge des moteurs hydrauliques et des vérins;
- une augmentation de la longévité des composants (tiroir des distributeurs). Contrairement aux systèmes pneumatiques, où il est nécessaire d'utiliser un lubrificateur après la filtration de l'air, les systèmes hydrauliques, du fait de la présence de l'huile, possèdent un excellent moyen de lubrification.

Inconvénients

Les systèmes hydrauliques engendrent, bien sûr, des inconvénients. Les plus grandes précautions sont à prendre et il faut noter en particulier :

- les risques d'accident dus à l'utilisation de pressions élevées dans les systèmes $50 < p < 700$ bars;
- les fuites qui entraînent une diminution du rendement;
- les pertes de charge dues à la circulation de l'huile dans les tuyauteries;
- les risques d'incendie dus à l'utilisation d'une huile hydraulique minérale inflammable.

C'est un matériel coûteux (composants) dont la maintenance est onéreuse du fait du prix de revient élevé des composants, du remplacement de l'huile hydraulique et des filtres.

2 Définition de l'hydrostatique

Dans le domaine de la physique, c'est la branche qui étudie les propriétés d'un fluide au repos.

Le domaine d'application se rapporte à la transmission des pressions d'après le principe de Pascal.

3 Définition de l'hydrodynamique

L'hydrodynamique étudie les propriétés du fluide en mouvement. Les caractéristiques d'un fluide en mouvement sont :
- la pression;
- le débit.

4 Le fluide hydraulique

C'est lui qui donne vie au système hydraulique.
Dans les applications hydrauliques, les huiles sont classées en deux groupes :
- les huiles minérales inflammables;
- les huiles difficilement inflammables.

La pression d'utilisation
Elle est très variable et dépend du mécanisme. Il faut cependant noter que la pression peut être très élevée. Seule la limite d'utilisation des composants limite la valeur de la pression d'utilisation.

5 Règles générales

Utilisation des «systèmes hydrauliques»
Les systèmes hydrauliques, par les risques d'accident qu'ils peuvent engendrer, exigent de l'utilisateur certaines connaissances particulières et obligatoires. En particulier :
- une connaissance des unités de mesure;
- une connaissance des lois de l'hydrostatique et de l'hydrodynamique;
- une connaissance et une parfaite maîtrise des schémas hydrauliques et de la symbolisation;
- enfin, une connaissance complète des composants entrant dans la constitution des systèmes hydrauliques, ainsi que le raccordement des composants entre eux (montage des raccords et des flexibles).

6 Remarques

Dans le domaine industriel, il existe naturellement d'autres moyens de transmettre une puissance, comme :
L'énergie pneumatique : l'air comprimé est utilisé comme moyen de transmission.
L'énergie électrique : utilisation de moteurs électriques de différents types.
L'énergie mécanique : utilisation d'engrenages, de poulies et courroies ainsi que du système bielle-manivelle.
Il faut noter que chaque technologie possède son domaine d'application répondant à des critères spécifiques.

2 COMPARAISON ET DOMAINES D'APPLICATIONS

1 Applications

Les propriétés particulières offertes par l'hydraulique comme :
- la possibilité de transmettre des forces élevées,
- la souplesse d'utilisation,

ont trouvé leurs applications et leur efficacité dans de nombreux domaines industriels.

2 Domaines d'application

La machine-outil

Les secteurs d'application sont très variés, mais le gros consommateur de composants hydrauliques reste celui de la machine-outil. On trouve dans ce domaine toutes les opérations de bridage de pièces, de prise d'outil, de commande d'avance et de transmission de mouvements. Les presses à découper ou à emboutir sont des applications directes de l'hydraulique.

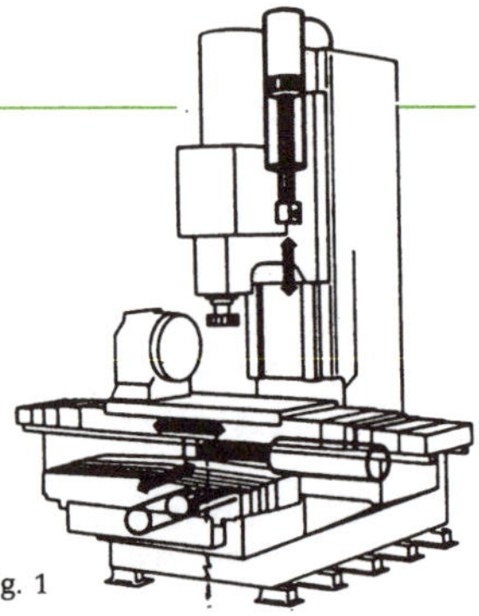

Fig. 1

Les engins de travaux publics

Ils utilisent également de nombreux composants hydrauliques dans la réalisation des transmissions de mouvement et la commande des outils pour : creuser, lever, déplacer, niveler.

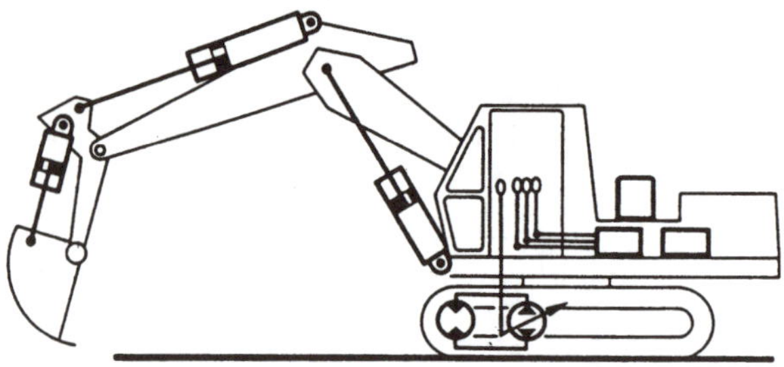

Fig. 2

Les véhicules industriels

Les réalisations dans ce domaine sont aussi très variées; on trouve des applications particulières comme :
- le levage des bennes ou des hayons,
- la rotation des cabines de camion.

Les véhicules de ramassage et de compactage des ordures ménagères sont également équipés de systèmes hydrauliques qui s'adaptent très bien à ce genre de travail.

Fig. 3

Fig. 4

Fig. 5

Les machines agricoles
Dans le domaine agricole, là encore, le système hydraulique offre de multiples applications. Citons en exemple la régulation du travail de la charrue et les commandes de travail des moissonneuses et autres machines. Tous ces systèmes utilisent des mécanismes hydrauliques performants et souvent très chers.

La manutention
Les chariots élévateurs représentent un secteur traditionnel de l'utilisation des systèmes hydrauliques. Les mouvements sont linéaires dans des opérations de levage où le matériel doit résister à des efforts importants.

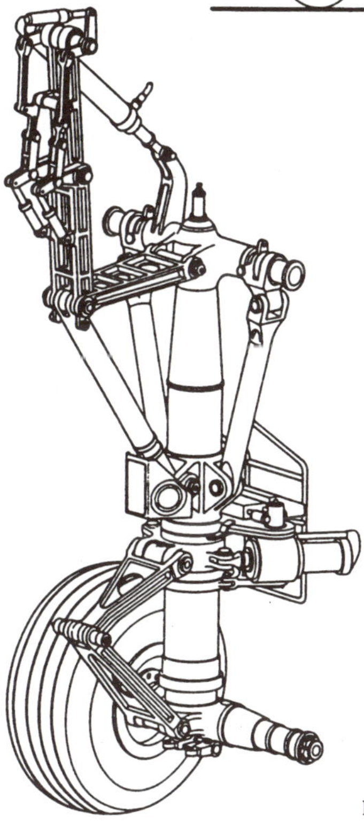

Fig. 6

L'aviation
L'hydraulique destinée à l'aviation occupe une position particulière. Fournie par des sociétés spécialisées, elle est régie par les mêmes lois de la physique mais doit répondre à des exigences spécifiques.

Remarque
Pour classifier cette large palette d'applications, il a été créé les notions d'hydraulique mobile et d'hydraulique stationnaire (ou hydraulique industrielle).
L'hydraulique mobile se déplace grâce à des chenilles ou à des roues. L'hydraulique stationnaire repose sur des pieds ou des fondations.

3 Comparaison des systèmes de transmission d'énergie

L'hydraulique est un moyen de transmission de puissance mais également de commande ou de régulation au même titre que les systèmes électriques ou pneumatiques. Toutes ces technologies se trouvent parfois en concurrence mais le plus souvent se complètent et sont utilisées de façon rationnelle.

Critères	Hydraulique	Pneumatique	Électrique /Électronique	Mécanique
Transmetteur d'énergie	Huile (en plus général : fluide)	Air	Électron	Arbre, tringles, courroies, chaînes, roues, etc.
Transport de l'énergie	Tubes, flexibles, perçages	Tubes, flexibles, perçages	Conducteurs électriques (câbles, etc.)	Arbre, tringles, courroies, chaînes, roues
Transformation de l'énergie mécanique et vice versa	Pompes, vérins, moteurs hydrauliques	Compresseurs, vérins, moteurs pneumatiques	Génératrices, batteries, moteurs E, électro-aimant, moteurs linéaires	
Caractéristiques fondamentales	Pression : p(30... 400 bars) Débit : Q	Pression : p (env. 6 bar) Débit : Q	Tension : U Courant élect. : I	Force, couple Vitesse linéaire Vitesse de rotation
Puissance massique	Très élevée, grâce à des pressions élevées (env. 400 bars) composants de faible prix et encombrement Moteur linéaire = Vérin	Élevée, toutefois limitée par la pression de service max. de 6 bars	Moins élevée, masse du moteur él. env. 10 fois plus élevée que celle du moteur hydraulique à puissances égales	Élevée, pas de transformation d'énergie. Puissance limitée en cas de commandes et régulations complexes
Précision de position (peut être améliorée pour tous les systèmes par une régulation de position)	Très bonne, grâce à la faible compressibilité de l'huile	Moins bonne, à cause de la compressibilité de l'air	Très inégale, hystérésis et glissement d'une part, moteurs synchrones et pas à pas de l'autre	Très bonne, grâce aux liaisons positives (indexage, dentures, etc.)
Facilité de réglage et régulation Traitement des signaux	Très bonne, assurée par des valves et cylindrées variables Servovalves en boucle fermée Perfectibles en combinaison avec cmd. élec.	Très bonne, assurée par des valves (limitées à des puissances faibles et moyennes)	Faibles puissances : très bonne Puissances élevées : moins bonne ; par contacteurs, relais semi-conducteurs, moteur réglable, résistances variables, etc.	Moins bonne, par réducteurs, leviers, etc.
Transformation en mouvement linéaire	Très simple, par vérins	Très simple, par vérins	Moins simple, par moteurs linéaires	Simple, par bielle-manivelle, vis sans fin, etc.
Traitement des signaux entre l'hydraulique et les autres systèmes		Commande pneumatique des valves	Cmd électro-magnétique des valves (électro-aimants, aimants à action proportionnelle), fin de course	Entraînement ou désaccouplement de pompe moteurs hy., vérins. Commande de valves par cames et rampes

Unités du système SI

Grandeur	Symbole	Nom de l'unité SI	Autres unités autorisées	Transformation
Longueur	ℓ	m	Toutes les décimales	
Aire	$\mathcal{A}$	m^2	Toutes les décimales	
Volume	V	m^3	Toutes les décimales	
Temps	t	s	min,	
Vitesse	v	m/s	m/min, km/h	
Accélération	a	m/s^2		
Masse	m	kg		
Force/Poids	F	N (newton)	Toutes les décimales	
Travail/Énergie	W	J (joule)	Toutes les décimales	
Puissance	P	W (watt)	Toutes les décimales	
Température	T	K (kelvin)	°C	0 °C = 273,15 K
Pression	p	Pa (pascal)	Bar, daN/cm^2	$1\ Pa = 1\ N/m^2 = 10^{-5}$ bar
Débit	Q	m^3/s	l/min	$1\ m^3/s$ = 60 000 l/min
Viscosité dynamique	η	Pa . s	$\frac{N.s}{m^2}$	
Viscosité cinétique	ν	m^2/s	mm^2/s	$1\ cSt = 1\ mm^2/s$
Pour les mouvements en rotation :				
Angle	α, β, γ	rad	° (grade) ' (minute) " (seconde)	$1\ rad = \frac{180°}{\pi} = 57{,}29°$
Vitesse angulaire	ω	rad/s	°/s	1°/s = 0,017 5 rad/s
Fréquence	f	Hz	1/s	
Vitesse de rotation	n	t/s	t/min	
Accélération angulaire	α	rad/s^2	$°/s^2$	
Couple	M	mN		
Moment d'inertie	J	$kg . m^2$		$J = \frac{GD^2}{4}$ (GD^2 déconseillé)

3 NOTIONS FONDAMENTALES D'HYDROSTATIQUE

1 La pression

Principe de Pascal
La pression exercée sur un liquide au repos est transmise intégralement en tous points du liquide. Cette pression s'exerce perpendiculairement aux surfaces en contact.

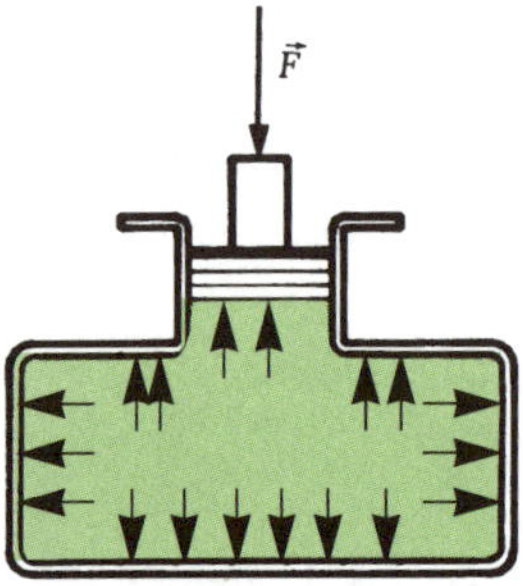

Par exemple, si une force *F* pousse un piston à l'intérieur d'un récipient de forme quelconque, la pression engendrée se transmet intégralement dans tout le récipient.
L'unité légale de pression est le pascal : Pa.

Fig. 1

Définition
Le pascal correspond à une force de un newton (1 N) exercée sur une surface de un mètre carré (1 m^2).

Unité utilisée dans les calculs hydrauliques
Du fait de l'utilisation dans les systèmes hydrauliques de forces et de pressions élevées, le pascal, unité très petite, n'est pas utilisé. Dans les calculs traitant des problèmes hydrauliques, l'unité retenue est le bar.

Définition
Le bar correspond à une pression exercée par une force de 1 daN sur une surface de 1 cm^2.

Formule fondamentale
La pression se détermine par :

$$\boxed{p = \frac{F}{S}} \quad F = p \times S$$

avec *p* en bars
F en daN
S en cm^2

2 Expériences

1. Le robinet R est ouvert; une force *F* est exercée sur le piston. L'huile se trouvant dans la chambre du vérin s'écoule sans rencontrer de résistance. L'aiguille du manomètre reste à 0. La pression est nulle.
2. Le robinet R est fermé; une force *F* est toujours exercée sur le piston. L'huile se trouvant dans la chambre du vérin ne peut s'écouler. Une résistance a été créée. L'aiguille du manomètre indique une pression.

Conclusion : pour obtenir une pression, il suffit de créer une résistance.

Fig. 2

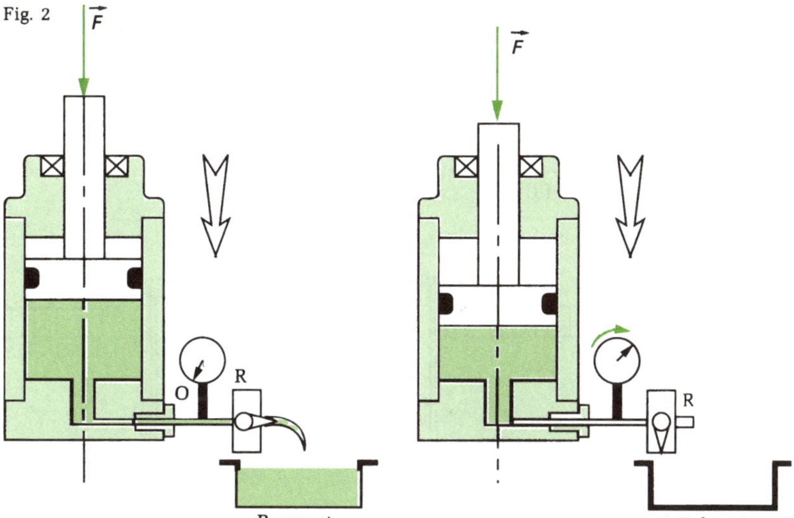

3 La pression et la surface

Dans les figures 3a et 3b, la force est identique mais la section varie. La pression est égale à :

a) $p_1 = \frac{F_1}{S_1} = \frac{200}{100} = 2$ bars

b) $p_2 = \frac{F_2}{S_2} = \frac{200}{50} = 4$ bars

Conclusion : si l'on diminue la section en gardant la même force, la pression augmente. La pression dépend de la surface.

Fig. 3 a

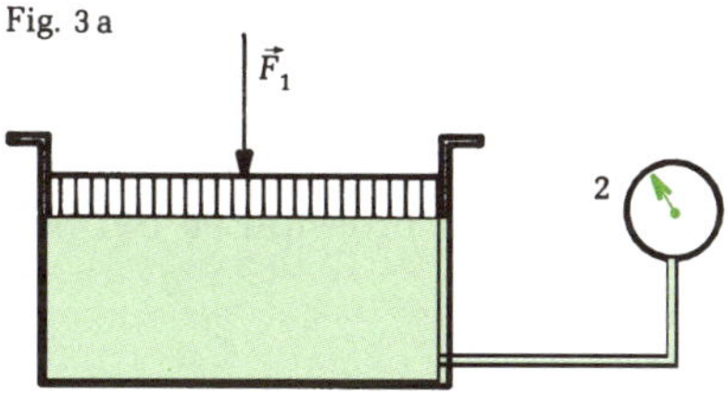

$\vec{F}_1 = 200$ daN

$S_1 = 100\ cm^2$

Fig. 3 b

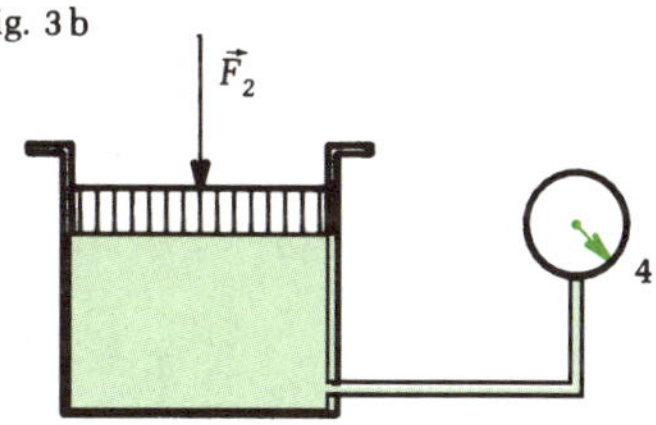

$\vec{F}_2 = 200$ daN

$S_2 = 50\ cm^2$

4 La pression et la force

Dans les figures 4a et 4b, les deux forces varient, les sections sont identiques.
La pression est égale à :

a) $p_1 = \frac{F_1}{S_1} = \frac{200}{100} = 2$ bars

b) $p_2 = \frac{F_2}{S_2} = \frac{100}{100} = 1$ bar

Fig. 4 a

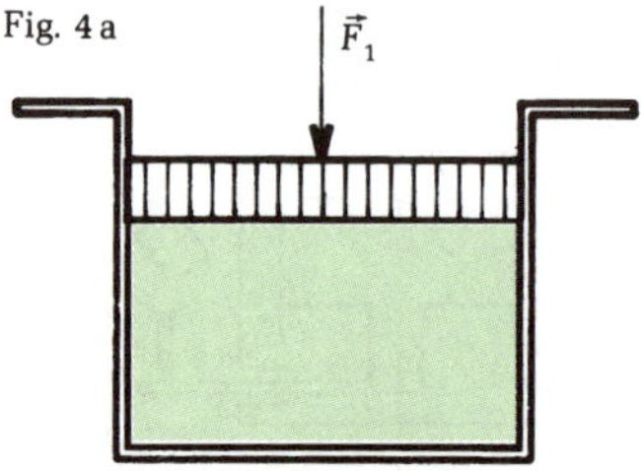

$\vec{F}_1 = 200$ daN

$S_1 = 100$ cm^2

Fig. 4 b

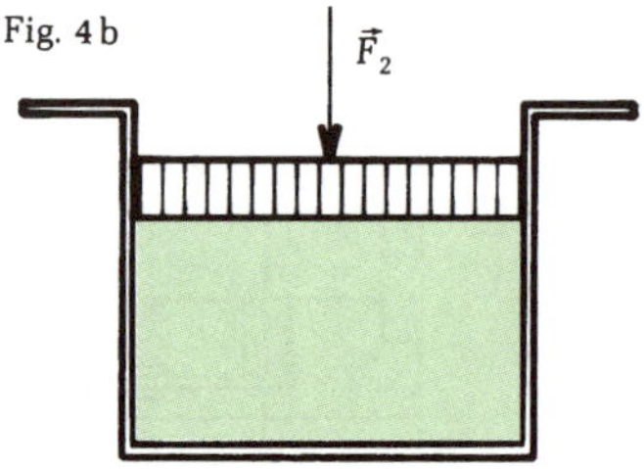

$\vec{F}_2 = 100$ daN

$S_2 = 100$ cm^2

Conclusion : à section constante, si l'on augmente la charge, la pression augmente. La pression dépend de la force.

5 Notions complémentaires

Une masse de 1 kilogramme fournit sur le sol une force de 1 kilogramme poids.

Loi de Newton :
Force = masse × accélération

$F = m \times a$

avec l'accélération de la pesanteur « g », on obtient :

$F = m \times g$

1 Kgp = 9,81 N

1 bar = 10 N/cm^2 = 1 daN/cm^2

Si on utilise les grandeurs de base du système SI soit : la force en Newton et la surface en mètre carré, la pression se définit en Pascal (Pa)

1 Pa = 1 N/m^2.

Cette unité étant très petite, en pratique on utilise le bar.

1 bar = 10^5 Pa

1 bar = 14,5 Psi

(Psi = Pound Force per Square Inch).

1 Le multiplicateur de pression : le bridage de pièce sur machine-outil

Le multiplicateur de pression est utilisé dans cet exemple pour le bridage de pièce en étau sur une table de machine-outil. La machine étant réglée, le travail de l'opérateur consiste à placer la pièce dans l'étau et de commander le serrage de celui-ci. Le vérin de serrage ainsi que les tuyauteries doivent résister à de fortes pressions.

Le piston A d'un système de bridage de pièce a une section de 200 cm². Il est soumis à une pression de 8 bars. Le piston B a une section de 20 cm². Quelle est la valeur de la pression p_2 ?

Solution :

$$\frac{p_1}{p_2} = \frac{S_2}{S_1}$$

$$p_1 \times S_1 = p_2 \times S_2$$

$$p_2 = \frac{p_1 \times S_1}{S_2} = \frac{8 \times 200}{20} = 80 \text{ bars}$$

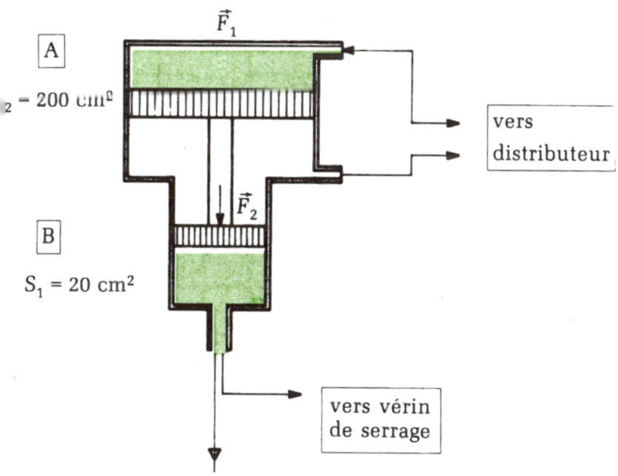

Fig. 5

2 Le multiplicateur de force : les presses hydrauliques

Un petit piston transmet une pression déterminée à un autre piston. Une force supérieure est obtenue en augmentant la surface du piston récepteur.

Le piston A d'une presse a une section S_1 de 10 cm². La force F_1 appliquée est de 40 daN. Le piston récepteur B a une section de 200 cm². Quelle sera la force F_2 développée ?

Sur le piston A :

$$p_1 = \frac{F_1}{S_1} = \frac{40}{10} = 4 \text{ bars (petit piston)}$$

$$\frac{F_1}{F_2} = \frac{S_1}{S_2} \quad F_1 \times S_2 = F_2 \times S_1$$

$$F_2 = \frac{F_1 \times S_2}{S_1} = \frac{40 \times 200}{10} = 800 \text{ daN}$$

La force développée est de 800 daN.

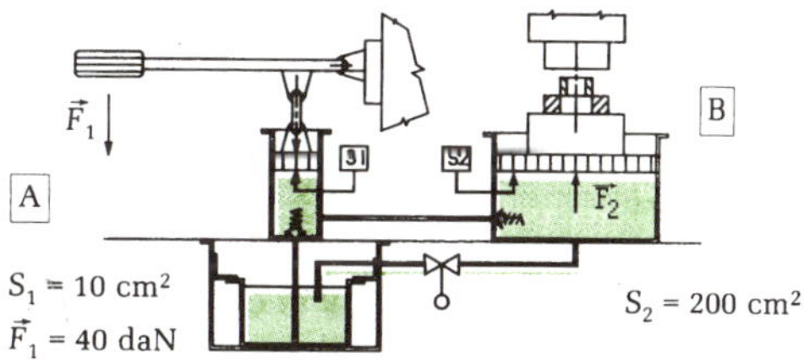

Fig. 6

4 NOTIONS FONDAMENTALES

1 Le débit

Il correspond au volume de fluide qui s'écoule durant une unité de temps donnée au travers d'une section.
L'**unité** est le mètre cube par seconde (m^3/s). En pratique, les unités utilisées sont : le litre par minute (L/min) ou le centimètre cube par seconde (cm^3/s).

Formules usuelles

$$\boxed{Q = S \times v}$$ avec Q = débit, en cm^3/s
S = section, en cm^2
v = vitesse, en cm/s

$$\boxed{Q = 0{,}1 \times S \times v}$$ avec Q = débit, en L/min
S = section, en cm^2
v = vitesse, en m/min

2 La puissance

Définitions en mécanique
La puissance est le travail qu'effectue une force par unité de temps, soit :

$$P = \frac{\text{travail}}{\text{temps}} = \frac{W}{t}$$

Le travail W peut s'écrire $W = F \times \ell$.

En remplaçant dans la formule $P = \frac{W}{t}$, W par $F \times \ell$

nous avons donc $P = \frac{F \times \ell}{t}$ avec $\frac{\ell}{t}$ = vitesse = v.

La formule devient donc : $\boxed{P = F \times v}$ avec P en watt (W)
F en newton (N)
v en mètre/seconde (m/s)

Définitions en hydraulique

En hydraulique, la pression p est égale à : $\frac{\text{force}}{\text{section}} = \frac{F}{S} = p$.

La force exercée F est égale au produit de la pression p par la section S :

$$F = p \times S$$

La vitesse est égale à : $\frac{\text{espace}}{\text{temps}} = \frac{e}{t}$.

Comparaison des formules
Sachant que :

en mécanique : $P = F \times v$; en hydraulique : $P = p \times S \times \frac{e}{t}$.

On remarque : $\dfrac{S \times e}{t} = \dfrac{\text{volume}}{\text{temps}} = Q$.

La formule de la puissance hydraulique peut s'écrire : $P = p \times Q$

avec P = puissance, en watt (W)
p = pression, en pascal (Pa)
Q = débit, en m^3/seconde (m^3/s)

Les unités utilisées en hydraulique sont :
- le bar : 1 bar = 10^5 pascal ;
- le litre/minute : $\dfrac{m^3/s \times 60}{10^3}$ 1 litre = 1 000 cm^3.

La formule devient donc : $P = \dfrac{Q \times p}{600}$ P en kW
Q en L/min
P en bar

3 Le couple

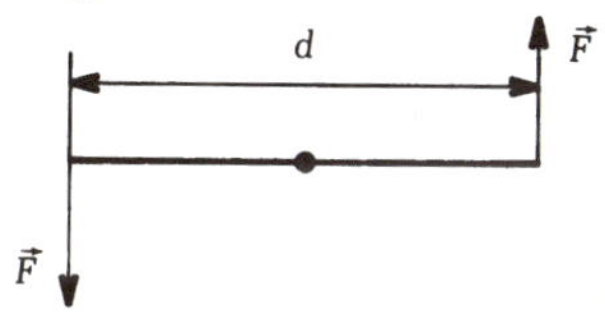

Fig. 1

Définition en mécanique

Le couple peut être caractérisé par un système comportant deux forces égales, parallèles mais de sens contraire. Elles sont toutes deux exercées sur un même corps. Le moment du couple est égal au produit de F par la distance qui sépare les droites d'action.

$Mt = F \times d$ avec Mt = moment, en Nm
F = force, en N
d = distance, en mètre

Puissance exercée par un couple

Dans un système où le mouvement est une rotation avec une vitesse angulaire (ω), la puissance reçue est égale à :

$P = Mt \times \omega$ avec P en watt
Mt en Nm
ω en rd/s

Remarque : $\omega = \dfrac{\pi \times N}{30}$ avec ω en rd/s
N en tr/min

$$P = M \times \omega$$

Couple hydraulique

Dans les systèmes hydrauliques, la force F développée dépend de la pression. La cylindrée est la quantité d'huile refoulée par tour de l'appareil. Elle s'exprime en litre par tour (L/tr).

La vitesse angulaire (ω) est obtenue en fonction de la vitesse de rotation du moteur.

$$\omega = \frac{\pi \times N}{30} \qquad \boxed{Cyl = \frac{Q}{N}}$$

Couple théorique = 15,9 × Cyl × p.

$\boxed{\text{Couple réel} = 1{,}59 \times Cyl \times \Delta p \times \eta}$ ou couple théorique × η.

Avec : N = vitesse de rotation, en tr/min
C = couple, en mN
p = différence de pression, en bar = p entrée − p sortie
η = rendement volumétrique, $60 < \eta < 95$ %
Q = débit, en L/min
Cyl = cylindrée, en cm^3 ou en L/tr

4 Récapitulatif des formules

Débit : $Q = 0{,}1 \times S \times v$ (Q en L/min).

Puissance mécanique : $P = F \times v$ (P en W).

Puissance hydraulique : $P = \frac{Q \times p}{600}$ (P en kW).

Puissance exercée par un couple : $P = C \times w$ (P en W).

Vitesse angulaire : $\omega = \frac{\pi \times N}{30}$ (ω en rd/s).

Couple hydraulique :

— **Cyclindrée** : $\text{Cyl} = \frac{Q}{N}$ (Cyl en L/tr).

— **Couple théorique** : 15,9 × Cyl × Δp = C (C en mN).
— **Couple réel** : 15,9 × Cyl × Δp × η = C (C en mN).

$$\boxed{P = \frac{Q \times \Delta p \times \eta}{600}}$$

Δp en bars — P en kW
Cyl en L/tr — Q en L/min.

1 Calcul de la pression, du débit, de la puissance

Le vérin hydraulique monté sur une remorque de matériel agricole possède les caractéristiques suivantes :
- alésage : diamètre 160 mm ;
- tige : diamètre 90 mm.

La force qu'il doit développer est de 20 000 daN à la vitesse de 5 cm/s.
Calculer la pression, le débit, la puissance.

Fig. 2

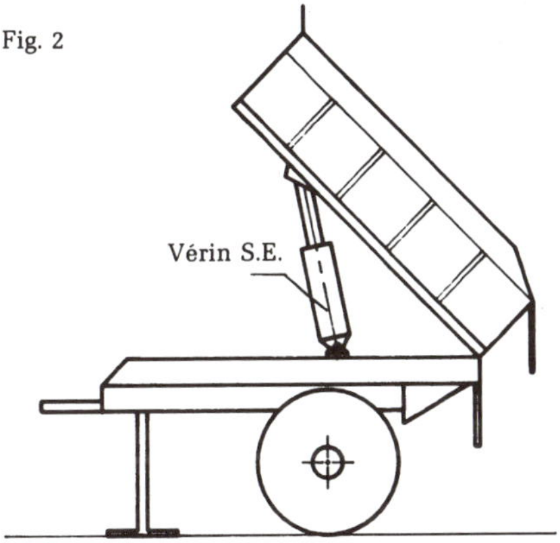

Solution :

1. Pression

$$p = \frac{F}{S}$$

$$S = \pi \times R^2 = 3{,}14 \times (80)^2 = 20\,096 \text{ mm}^2 = 200{,}96 \text{ cm}^2$$

$$p = \frac{20\,000}{200{,}96} = 99{,}5 \text{ bars}$$

2. Débit

$Q = 0{,}1 \times S \times v$ avec Q en L/min, S en cm², v en m/min

$v = 5 \times 60 = 300$ cm/s $= 3$ m/min

$Q = 0{,}1 \times 200{,}96 \times 3 = 60{,}28$ L/min

3. Puissance

$$P = \frac{Q \times p}{600} = \frac{60{,}28 \times 99{,}5}{600} = 10 \text{ kW}$$

avec P en kW
Q en L/min
p en bars

2 Calcul de la cylindrée et du couple d'un moteur

Le moteur hydraulique d'un mécanisme possède une vitesse de rotation de 600 tr/min. Il fonctionne sous une pression de 160 bars et absorbe un débit de 210 L/min. Son rendement est égal à 0,9.
Calculer : la cylindrée, le couple théorique, le couple réel.

Solution :

1. Cylindrée

$$Cyl = \frac{Q}{N} = \frac{210}{600} = 0{,}35 \text{ L/tr}$$

avec Cyl en L/tr
Q en L/min
N en tr/min.

2. Couple théorique

$C = 15{,}9 \times Cyl \times p$
$C = 15{,}9 \times 0{,}35 \times 160 = 890{,}4$ mN

3. Couple réel

$C = 15{,}9 \times Cyl \times p \times \eta$

ou couple théorique $\times \eta$

$C = 15{,}9 \times 0{,}35 \times 160 \times 0{,}9 = 801{,}3$ mN

5 CONSTITUTION DES CIRCUITS HYDRAULIQUES

Les circuits hydrauliques ont, en général et approximativement, la même structure. Ils se composent tous :
- d'un groupe de puissance;
- d'appareils de distribution et de régulation;
- de récepteurs ayant pour rôle de transformer l'énergie hydraulique en énergie mécanique.

1 Les principaux composants

Le groupe de puissance

Il se compose :
- d'un réservoir qui contient le fluide hydraulique;
- d'un moteur qui entraîne une pompe transformant une énergie mécanique en énergie hydraulique;
- d'un système de filtration composé de plusieurs filtres : filtration sur le retour et filtration sur l'aspiration.

Le limiteur de pression

Comme son nom l'indique, il sert à limiter la pression dans un circuit hydraulique. Il protège également l'installation des dépassements de pression accidentels.

Les distributeurs

Le rôle de ces appareils est capital. On peut les considérer comme les «aiguillages» du système. Ils dirigent le fluide sous pression vers les actionneurs et reçoivent en retour le fluide sans pression qu'ils dirigent vers le réservoir.

Les actionneurs

Ces appareils transforment l'énergie hydraulique en énergie mécanique. Ce sont les vérins hydrauliques à simple ou double effet ainsi que les moteurs hydrauliques.
Les vérins double effet travaillent dans les deux sens. Les vérins simple effet travaillent uniquement dans un seul sens.
La force d'un vérin monté dans un système hydraulique dépend de deux critères :
— la pression dite de service;
— le diamètre de son alésage.
La vitesse dépend du débit de la pompe alimentant le système.

2 Différents types de circuits

Le circuit «ouvert»

Dans un circuit ouvert, l'huile circule du réservoir vers la pompe. Cette huile est refoulée, mise sous pression, puis dirigée vers un composant appelé «distributeur» qui dirige l'huile sous pression vers une chambre du vérin (ou moteur). Le distributeur reçoit en retour l'huile sans pression de l'autre chambre du vérin qu'il retourne au réservoir (ou bâche).

Fig. 1

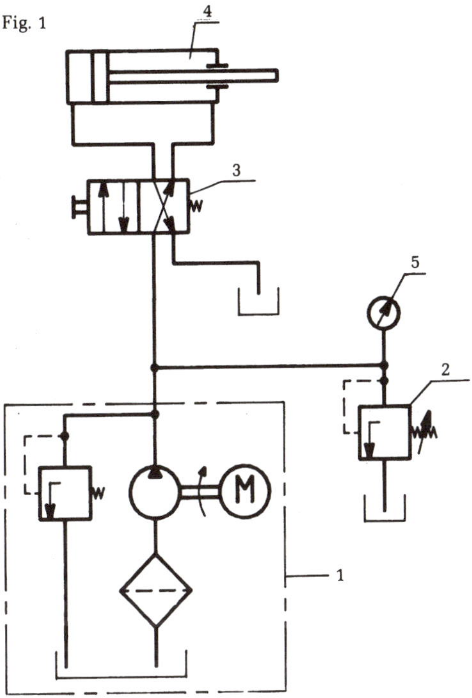

1. Groupe générateur de puissance
2. Limiteur de pression
3. Distributeur
4. Vérin double effet
5. Manomètre

C'est le type de montage le plus simple et le plus utilisé.

Le circuit « fermé »

Dans ce type de circuit, l'huile circule en « circuit fermé ». La circulation se fait de la pompe vers le récepteur et du récepteur vers la pompe.

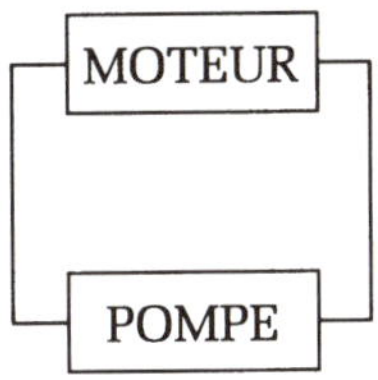

Fig. 2

3 Précautions à prendre à la mise en service d'un système hydraulique

Lors de la mise en fonction d'une installation hydraulique, les composants et les tuyauteries comportent de l'air. Par principe, un système hydraulique a la particularité de pouvoir assurer des vitesses stables. Le fluide doit être uniquement un fluide hydraulique. Il convient donc de chasser l'air qui devient, de ce fait, un élément nuisible et de prendre certaines précautions lors de la mise en fonction.

4 Le drain

Certains composants comportent des pièces en mouvement (tiroir de distributeur coulissant dans un alésage). Pour qu'il y ait fonctionnement un jeu s'impose et au travers de ce jeu fonctionnel, obligatoire, l'huile va s'échapper et provoquer une fuite. Il faut donc l'évacuer et une conduite séparée appelée « drain » va assurer cette tâche.

5 Structure schématique des systèmes hydrauliques

Transformation de l'énergie

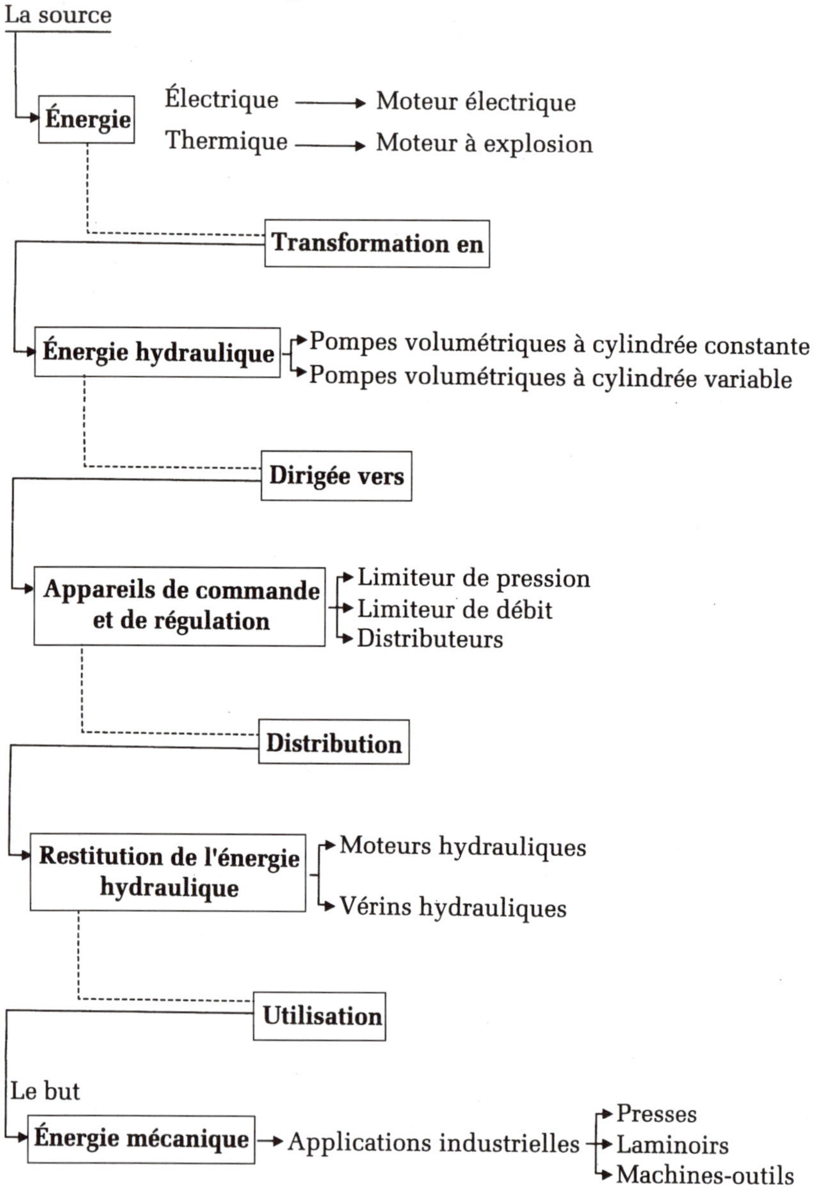

6 Schéma d'une installation hydraulique

Fig. 3

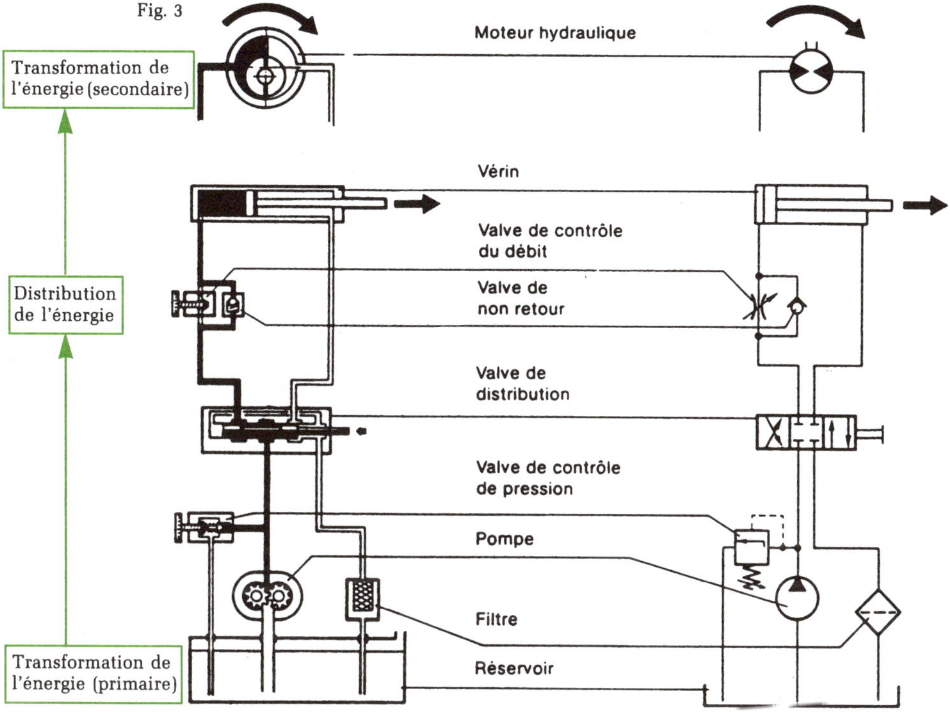

7 Compléments sur les applications industrielles : les presses

Il est possible de classer les presses suivant leur utilisation.

Presses à forger
La force développée peut atteindre 10 000 tonnes et plus.

Presses à cisailler et à compacter
Elles sont utilisées pour la transformation en balles, de carrosseries de véhicules (automobiles).

Presses à injecter le plastique
L'hydraulique intervient dans le système de fermeture du moule et d'injection du plastique dans celui-ci (la force varie de 50 à 300 tonnes).

Applications : fabrication d'objets usuels comme :
— dans la voiture : tableau de bord, poignée de fermeture des portes ;
— à la maison : plastique des cafetières, téléphone, petit électroménager.

6 LE GROUPE GÉNÉRATEUR DE PUISSANCE

Le groupe générateur de puissance est un élément important entrant dans la constitution des systèmes hydrauliques. Son rôle est de fournir le fluide sous pression, donc de rendre vivant le mécanisme auquel il est associé.
Ce groupe se compose de plusieurs éléments qui constituent un ensemble compact appelé « centrale hydraulique ».

1 Éléments formant une centrale hydraulique

Le premier élément est le **réservoir.**
Il doit :
- stocker la quantité d'huile nécessaire au fonctionnement correct du système ;
- assurer la protection de l'huile contre les éléments extérieurs qui lui sont nuisibles ;
- refroidir l'huile qui a circulé dans le système et qui revient au réservoir à une température variable ;
- supporter les différents éléments qui constituent la centrale hydraulique et en particulier le moteur qui entraîne la pompe.

Cette **pompe,** fixée sur le dessus ou immergée, transforme l'énergie mécanique en énergie hydraulique.

2 Le réservoir

Le réservoir se compose d'une cuve en acier protégée.
A l'intérieur, une cloison de stabilisation sépare le réservoir en deux parties :
- une chambre d'aspiration ;
- une chambre de retour.

Sur le dessus, le couvercle assure l'étanchéité du système et reçoit
l'ensemble moteur-pompe. Une porte de visite, assez grande, sert à
parties :
- une chambre d'aspiration ;
- une chambre de retour.
Sur le dessus, le couvercle assure l'étanchéité du système et reçoit
l'ensemble moteur-pompe. Une porte de visite, assez grande, sert à nettoyer le fond du réservoir lors des interventions de maintenance.
La vidange de l'huile se fait par un orifice placé au point le plus bas du réservoir. Le fond de celui-ci comporte une pente qui permet de le vider complètement. Le remplissage se fait par un orifice placé sur le dessus. L'huile est filtrée et la fermeture est assurée par un bouchon à clé. Pour la surveillance du niveau d'huile, le réservoir comporte un voyant de niveau haut et un voyant de niveau bas.
Le reniflard permet la communication avec l'extérieur. A l'intérieur du réservoir, un tuyau d'aspiration avec crépine est placé le plus loin possible des retours d'huile. Le retour d'huile se fait grâce à un tuyau immergé dont l'extrémité comporte une coupe à 45°. Un drain débouche au-dessus du niveau d'huile.

3 Représentation symbolique

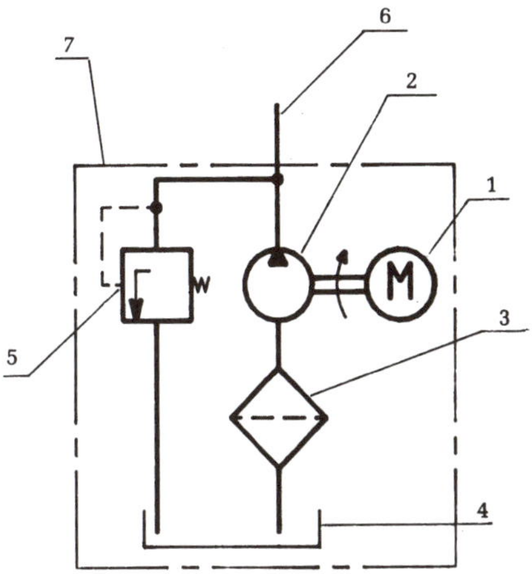

Fig. 1

1. Moteur électrique
2. Pompe
3. Filtre (sur l'aspiration)
4. Réservoir
5. Soupape de sécurité
6. Conduite
7. Centrale hydraulique

Fig. 2
Réservoir à l'air libre

Réservoir à conduite débouchante au-dessus du fluide

Réservoir à conduite débouchante au-dessous du fluide

4 Coupe d'un réservoir

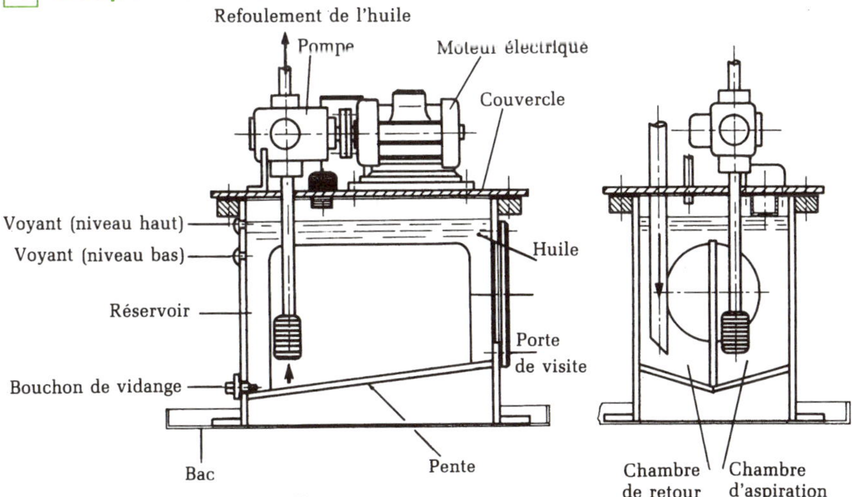

Fig. 3

5 Centrale hydraulique

Fig. 4. **Caractéristiques générales**
Composition :
- 1 réservoir standard CPOAC dimensions CNOMO (saul 1001)
- 1 platine support avec joint d'étanchéité
- 1 niveau visuel avec thermomètre
- 1 système reniflard avec filtre à air 1 de 10 microns
- 1 orifice taraudé pour raccordement d'un drain éventuel
- 1 bouchon de vidange
- 1 bloc de raccordement destiné à supporter un organe de limitation de pression ou un ensemble de valves hydrauliques
- 1 tête de filtration sur le retour au sommet du réservoir comprenant :
- 1 cartouche consommable, efficacité B25 = 75 (selon NAS classe 9-10)
- 1 clapet by-pass
- 1 orifice de raccordement du circuit retour
- 1 orifice de remplissage du réservoir
- 1 groupe électropompe composé de :
- 1 pompe à engrenage à hautes performances
- 1 lanterne de raccordement
- 1 accouplement élastique
- 1 moteur électrique 220/380 V, 50 Hz, ventilé, entièrement fermé. Protection IP 54 conforme aux recommandations de la commission électrotechnique internationale et norme UTE-NF.

Montage et essai
- montage groupe motopompes sur glissières et plots élastiques, raccordés et contrôlés avant livraison
- raccords mécaniques type bague coupante et déformable ou brides
- tube métrique

1 Détermination d'une centrale hydraulique

Le but de ce calcul est de déterminer la puissance du moteur. Une pompe possède un débit qui se détermine par la formule :

$Q = Cyl \times N$
avec Q = débit, en litres/minute (L/min)
Cyl = cylindrée, en litres
N = nombre de tours/minute (tr/min)

Cette pompe absorbe une puissance :

$P = \dfrac{p \times Q}{600 \times \eta}$ avec P = puissance, en kW
p = pression, en bars
Q = débit, en L/min
η = rendement (constructeur)

Une installation hydraulique fonctionne sous une pression de 160 bars; le débit de la pompe est de 75 L/min.

Le moteur électrique qui entraîne cette pompe a une vitesse de rotation de 1 500 tr/min.
Quelle est la puissance du moteur ?

Solution :

- La cylindrée de la pompe est :

$$\text{Cyl} = \frac{Q}{N} = \frac{75}{1500} = 0{,}05\ \text{L} = 50\ \text{cm}^3$$

Après recherche sur un catalogue, une pompe est retenue.
Elle possède un rendement $\eta = 0{,}9$.
La puissance absorbée par la pompe est:

$$P = \frac{P \times Q}{600 \times \eta} = \frac{160 . 75}{600 \times 0{,}9} = 22{,}22\ \text{kW}$$

P absorbée par la pompe = P. utile du moteur.
Puissance absorbée par le moteur :

$$\frac{\text{P utile du moteur}}{\text{rendement}} = \frac{22{,}22}{0{,}8} = 27{,}7\ \text{kW.}$$

2 Détermination d'un réservoir (selon graphique CPOAC)

Centrale CPOAC.
Débit : 75 L/min.
Pression : 160 bars.

Le réservoir de 400 litres sera retenu.
La puissance du moteur est de : 28 kW.
Soit un moteur électrique de 30 kW.
Abaques, pages 97, 98, 99, 100.

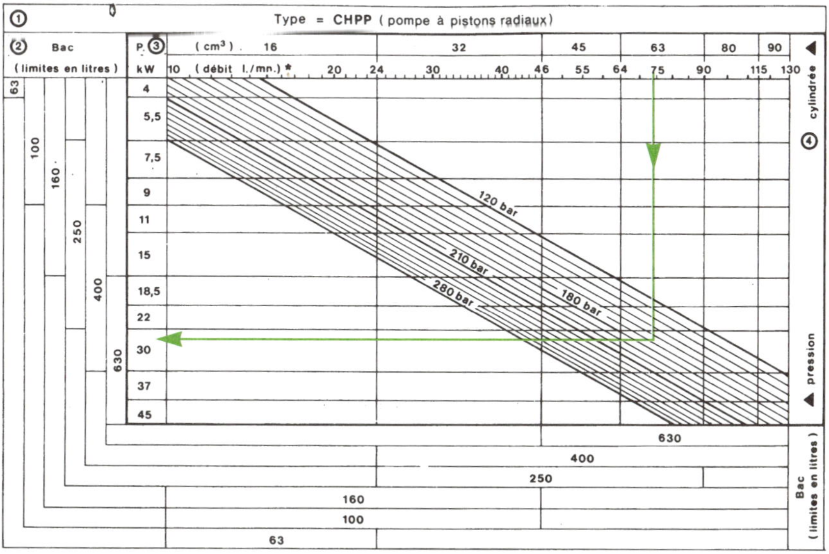

7 LE FLUIDE HYDRAULIQUE - LES HUILES

1 Le fluide hydraulique

Dans un mécanisme, le fluide hydraulique transmet l'énergie hydraulique. De ce fait, il doit être incompressible et rester homogène. En circulant dans toute l'installation, il possède un rôle très important de lubrificateur des parties mobiles à l'intérieur des composants (distributeurs, vérins...).
Une huile hydraulique se choisit en respectant certains critères comme :
- la pression de fonctionnement ;
- les conditions extérieures (environnement) ;
- la température ;
- la technologie des composants ;
- les conditions de fonctionnement.

Du choix d'une huile peut dépendre la longévité d'un système hydraulique.

2 La viscosité

Elle se définit comme étant la résistance à l'écoulement d'un liquide.

Fig. 1

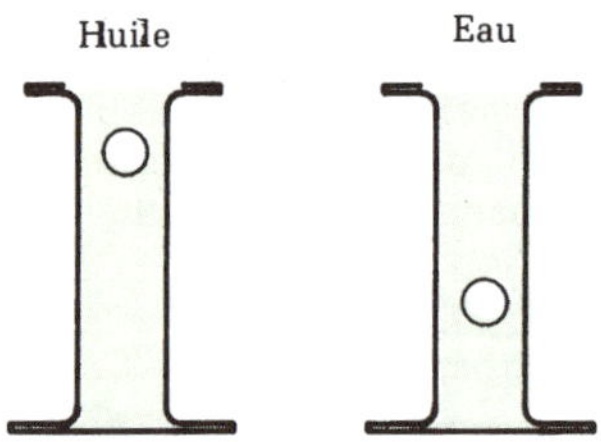

Expérience (fig. 1)
Deux tubes cylindriques contiennent le premier de l'eau, le second de l'huile. Dans chaque tube, on laisse tomber, dans les mêmes conditions, une bille en acier de diamètre et de poids identiques.

Constatation
En observant les deux tubes, on remarque que la bille se trouvant dans l'eau descend plus vite que celle se trouvant dans l'huile. On peut en conclure que l'eau oppose moins de résistance à la descente de la bille.
On peut ainsi définir la viscosité comme étant la résistance qu'opposent les molécules de ce fluide à une force qui tend à les déplacer.

Indice de viscosité
Cet indice indique la variation de viscosité en fonction du paramètre température. Plus l'indice est élevé moins la viscosité varie.

Unité
Pour exprimer la viscosité cinématique, on utilise comme unité le mètre carré/seconde (m^2/s). Les sous-multiples sont : le stokes ($1\ St = 10^{-4}\ m^2/s$) et le centistokes ($1\ cSt = 1/100\ st$).

3 Les huiles

Les huiles utilisées dans les circuits hydrauliques sont classées en deux groupes :
- les huiles minérales;
- les huiles difficilement inflammables.

Vidange et remplacement des huiles
La périodicité des vidanges est variable. Elle dépend du choix de l'huile et du taux de fonctionnement du système. Les fabricants offrent une large gamme d'huiles et il est préférable de prendre conseil auprès de ces spécialistes pour déterminer le choix d'huile répondant aux critères d'utilisation.

4 Classification des huiles

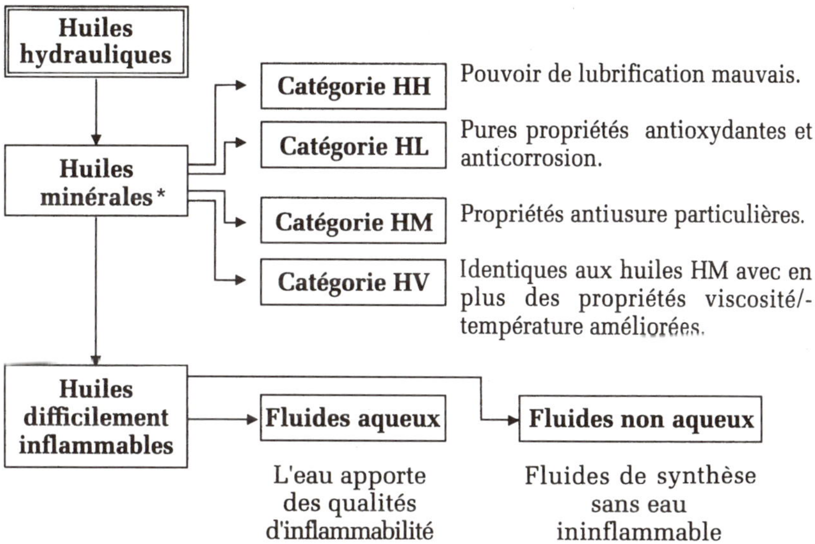

Catégorie A → Fluide aqueux - Émulsion d'huile dans l'eau 10 à 20 % - température d'utilisation : + 5 à + 50 °C

Catégorie B → Fluide aqueux - La proportion d'huile est de 50 à 60 %.

Catégorie C → Fluide aqueux - Le pourcentage d'eau est de 30 à 60 % - Température d'utilisation : – 20° à + 50 °C

Catégorie D → Fluide non aqueux - Synthétiques - Température d'utilisation : – 20° à + 14 °C

* Les huiles de la catégorie HM et HV sont les plus utilisées.

Voir tableau page 95.

5 Le refroidissement de l'huile

Dans certains systèmes hydrauliques, il est impératif de refroidir l'huile. La température d'utilisation de celle-ci doit être comprise dans une plage se situant entre 50 °C et 55 °C environ. En règle générale, il ne faut pas dépasser 60 °C pour éviter à l'huile un vieillissement prématuré.

Plusieurs cas peuvent se présenter

- *Petites installations :* il n'est pas obligatoire de monter un système de refroidissement de l'huile.
- *Installations importantes :* dans ce cas, il faut prévoir un système de refroidissement de l'huile. Le composant utilisé sera un refroidisseur. Cet appareil se monte sur le retour d'huile.
- *Il existe plusieurs types de refroidisseurs :* à eau et à air. Le refroidisseur à eau, plus efficace, est le plus souvent utilisé.

Description

Il possède une entrée et une sortie pour l'eau (élément réfrigérant), ainsi qu'une entrée et une sortie pour l'huile (élément à refroidir). L'huile, en circulant autour des tubulures contenant l'eau, va se refroidir. L'huile circule en sens contraire de l'eau.

Symbole

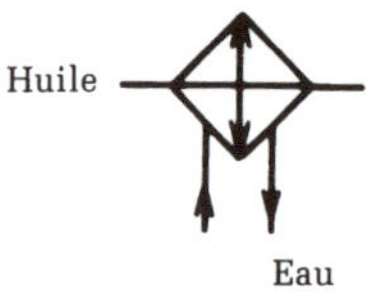

Fig. 2

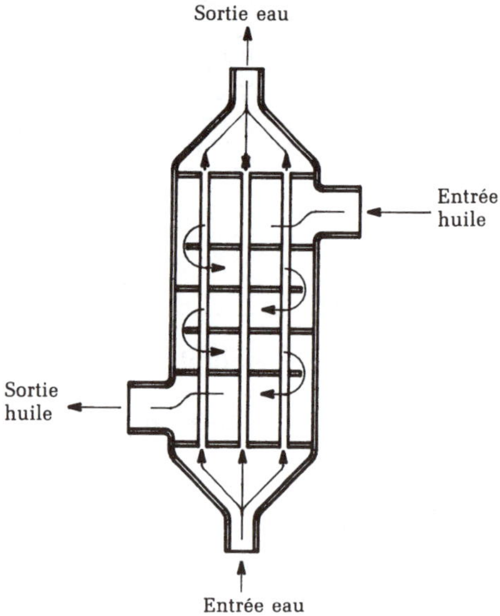

6 Réchauffage de l'huile

Un système hydraulique ne doit pas être démarré si l'huile, se trouvant dans le réservoir, est trop froide. Au démarrage, la température de cette huile doit se situer aux environs des 15° C. Le réchauffage peut se faire à l'aide d'éléments chauffants placés dans le fond du réservoir en tenant compte de la capacité en huile du réservoir.

Recherche des caractéristiques d'un fluide hydraulique

Type d'huile : ISO VG 68

Viscosité cinétique : 68 cSt

Pour fonctionner dans de bonnes conditions, une pompe hydraulique doit être associée à une huile de viscosité contenue dans une plage de 12 à 100 cSt.

Rechercher d'après le document CPOAC ci-dessous les caractéristiques du fluide hydraulique.

Utilisation et lecture de l'abaque :

La plage de température de cette huile est : 32 °C à 85 °C.

En basse température cette huile permet un démarrage de l'installation à : + 5 °C. Viscosité : 800 cSt

La viscosité minimale d'une huile permettant d'assurer les performances d'une pompe est de 10 cSt. La température maximale admissible est : 92 °C.

Fig. 3

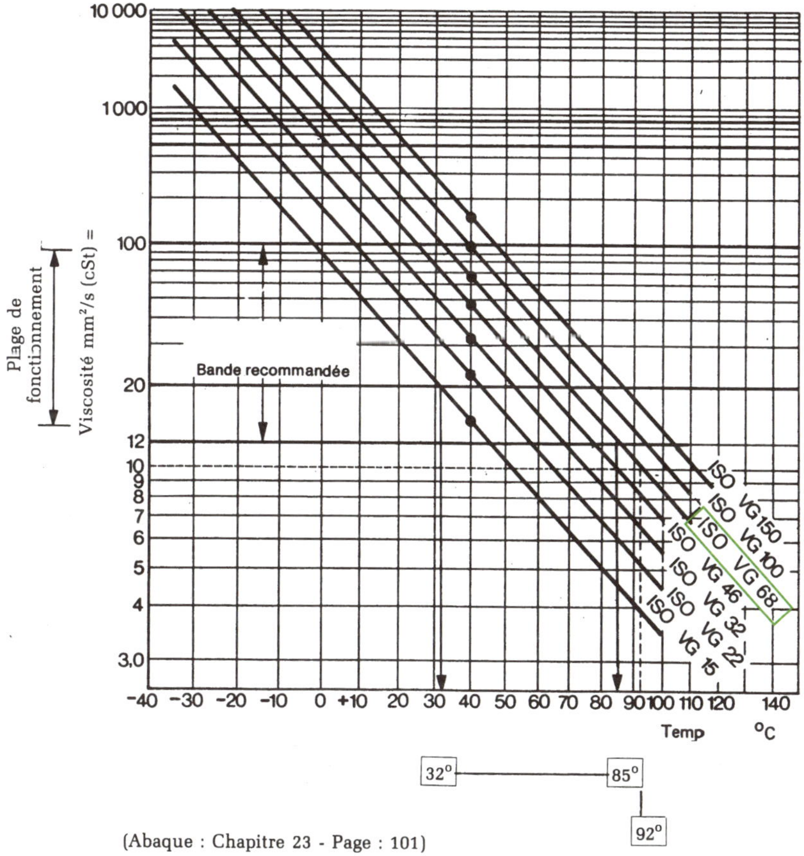

(Abaque : Chapitre 23 - Page : 101)

8 LES POMPES

1 Rôle de la pompe dans un système hydraulique

La pompe est destinée à transformer une énergie mécanique, fournie par un moteur, en énergie hydraulique. Son rôle se limite à « aspirer » l'huile dans le réservoir et à la refouler.
La pompe fournit un débit. Elle est donc un générateur de débit.

Le débit
C'est le volume d'huile que la pompe peut fournir pendant l'unité de temps pour une vitesse de rotation établie. Le débit Q correspond à la cylindrée par la vitesse de rotation.

$$Q = Cyl \times N$$

avec Q = débit, en litres/minute (L/min)
Cyl = cylindrée, en litre (L)
N = vitesse de rotation, en tours/minute (tr/min)

La cylindrée
Elle correspond au volume d'huile théorique débité par tour en cm^3 ou en litre.

$$Cyl = \frac{Q}{N}$$

(rappel : 1 L = 1 000 cm^3)

2 Caractéristiques d'une pompe

Une pompe se caractérise par :
- sa cylindrée,
- son débit,
- son rendement,
- son sens de rotation,
- sa vitesse de rotation.

3 Classification des pompes

Les pompes peuvent se classer en deux groupes :
- les pompes dites **non volumétriques** qui possèdent un débit élevé ;
- les pompes dites **volumétriques** ; ce sont des générateurs de débit.

Les pompes volumétriques se divisent en deux catégories :
- les pompes à cylindrée constante : pompe à vis ; pompe à palettes ; pompe à engrenages ; pompe à pistons ;
- les pompes à cylindrée variable : pompe à pistons radiaux ; pompe à pistons axiaux.

Les pompes à vis
Ces pompes fonctionnent suivant le principe d'Archimède. Une vis centrale entraîne deux vis latérales. L'huile est véhiculée entre les espaces libres des filets.

Les pompes à engrenages

Appareils simples et robustes, ces pompes sont constituées d'un corps en acier dans lequel deux pignons sont en prise. Le premier est menant et reçoit son mouvement d'un moteur. Le second est entraîné par le premier (fig. 1).

Pendant la rotation, l'espace libre entre les dents se remplit d'huile. Il s'établit alors un transfert d'huile par l'extérieur de la denture. Le fluide se trouvant dans la chambre supérieure 2 ne peut repartir vers la chambre inférieure 1 du fait de l'engrainement des dents. Il est donc évacué vers une canalisation extérieure. Le volume transféré par tour est constant.

Fig. 1

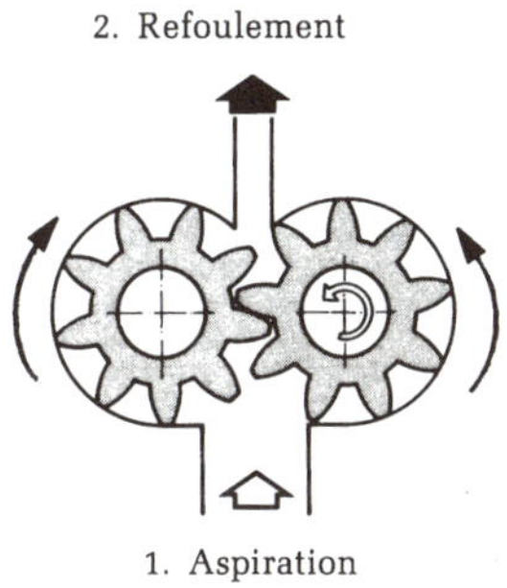

Fig. 2

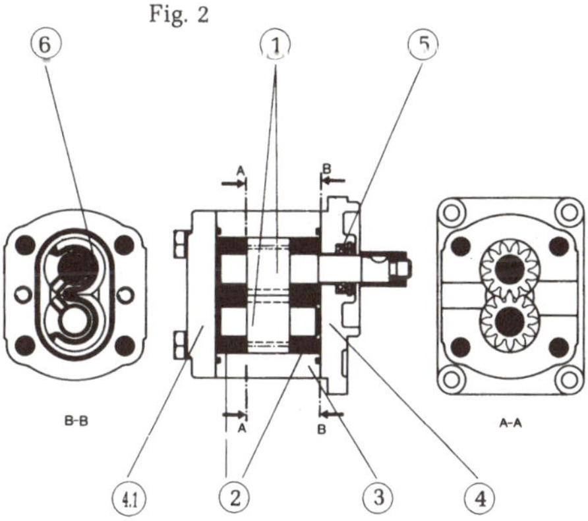

Pompe à engrenages (fig. 2)

Le modèle de pompe le plus utilisé dans les systèmes hydrauliques est la pompe à engrenages. Elle est, dans sa conception simple, d'un fonctionnement fiable et représente la solution la plus économique pour générer une pression.

La pompe comporte pour l'essentiel deux pignons appariés (1) tournant dans quatre douilles-palliers (2), ainsi que le corps (3) et ses couvercles avant (4) et arrière (4.1). L'étanchéité du passage de l'arbre d'entraînement à travers le flasque avant est assurée par un joint à lèvres (5).

Le corps haute pression de la pompe est réalisé par filage d'un alliage d'aluminium très malléable. Ce matériau présente également une résistance à la fatigue nettement plus élevée que les alliages d'aluminium mis en forme par moulage en coquilles. Les couvercles du corps sont en fonte.

Les contraintes s'exerçant sur les paliers sont absorbées par des bagues. Celles-ci supportent des pressions élevées et ont une bonne tenue de grippage, spécialement à basse vitesse.

Grâce aux 12 dents que compte chaque pignon, l'amplitude des pulsations du débit et le niveau sonore sont maintenus à une valeur très faible.

L'étanchéité, du côté des faces des pignons et des entre-dents, est assurée par un placage des 4 paliers. Le contrôle de l'étanchéité sur les faces de pignons résulte donc de l'application en continu de la pression de service sur les faces externes de ces paliers. Les champs de compensation axiaux sont délimités par des joints (6) de forme spéciale.

Le jeu radial existant entre le diamètre de tête et la surface interne du corps de pompe est contrôlé par application de cet ensemble flottant contre le corps de pompe. Cette technique d'étanchéité asservie à la pression permet d'obtenir des rendements optimaux.

Les pompes à palettes

Ces pompes sont constituées d'un rotor et d'un alésage excentré. Dans le rotor qui est rainuré sont logées des palettes. Ces palettes divisent l'espace entre le rotor et l'alésage. Au cours d'une rotation, du fait de l'excentration, le volume varie, permettant le refoulement de l'huile.

Pompe avec régulateur de pression à commande directe 8 cm³/t

Sur le rotor sont aménagées radialement des encoches dans lesquelles coulissent des palettes. L'effet centrifuge et la pression font qu'en rotation, ces palettes appliquent leurs champs extérieurs contre le chemin de glissement de la bague de commande de cylindrée (3).

L'excentration de la bague de commande et par conséquent la cylindrée de la pompe, se modifient à volonté. Les chambres d'aspiration et de refoulement sont délimitées par deux lumières de distribution, en forme de haricots, aménagées dans les flasques disposées latéralement au rotor. Des conduits intérieurs au corps mettent en communicaiton les haricots de distribution avec l'orifice d'aspiration et de refoulement de la pompe. Les plaques de distribution sont soumises à la haute pression, d'où une compensation optimale du jeu radial. Le régulateur de pression est à commande directe. Un ressort 4 exerce sur la bague de cylindrée une poussée tendant à maintenir celle-ci dans sa position extrême. Dans cette position, la cylindrée est maximale. Soumis à la pression de refoulement, un piston de commande de cylindrée (5) exerce une poussée antagoniste à celle du ressort (4) et qui, lorsqu'elle dépasse la valeur de tarage de ce ressort, ramène vers le centre la bague de cylindrée à partir de la position d'excentration maximale qu'elle occupait. Lors de ce déplacement, la bague de cylindrée demeure en contact de roulement avec une vis butée (6) de positionnement en hauteur (diminution du niveau sonore). Le débit s'adapte ainsi à la consommation du récepteur.

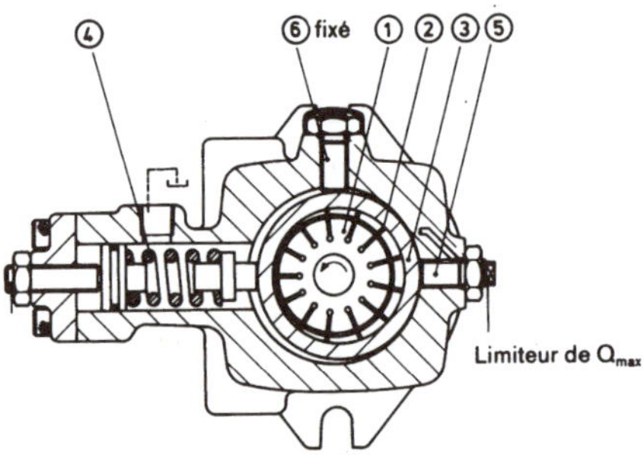

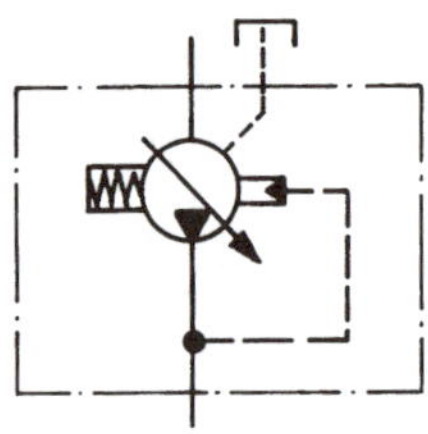

Fig. 3

Les pompes à pistons

Ce sont des pompes de haute performance. Les qualités de fabrication et d'usinage sont soignées, ce qui implique une filtration élevée de l'huile.

4 Représentation symbolique

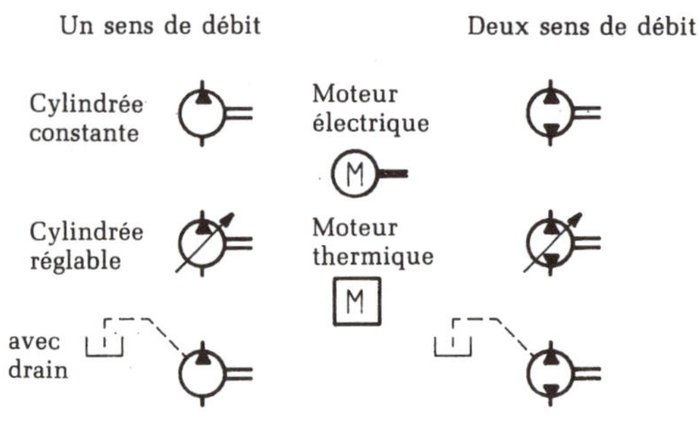

Fig. 4

Paramètres					
Types de pompes	**Pression utilisation maxi**	**Rendement**	**Avantages et caractéristiques**	**Vitesse de rotation tr/min**	
				Maxi	**Mini**
Pompes à vis	jusque 120 bars	0,9	- Silencieuse - Débit régulier et important	3 000	
Pompes à engrenages			- Bon marché		
1. Basse pression extérieure	70 bars	0,7	- Simple	2 500	500
2. Moyenne pression ext.	170 bars	0,8	- Robuste	6 000	500
3. Intérieure	250 bars	0,9	- Elles s'amorcent automatiquement	3 000	500
Pompes à palettes					
1. Palettes non réglables	175 bars	0,9	- Bruit modéré	2 000	500
2. Palettes réglables	120 bars	0,9	- Débit réglable par modification de l'excentration du stator	2 000	500
Pompes à pistons					
1. Pistons en ligne	500 bars	0,95	Élevées	1 800	100
2. Pistons radiaux	400 bars	0,9	Élevées	2 000	50
3. Pistons axiaux		0,9			
- barillet incliné	350 bars (250 bars continu)	0,9	Très bonnes	1 400 2 500	Gros modèle petit modèle
- plateau incliné barillet fixe	400 bars	0,9	Sens de rotation déterminé	de 1 500 à 3 500	
- plateau incliné barillet tournant	250 bars	0,9		de 1 500 à 3 500	

Sur la notice d'utilisation d'une pompe, on relève :
- cylindrée : 49 cm^3 ;
- débit : 104 L/min à 2 200 tr/min ;
- pression : 180 bars ;
- le moteur électrique possède un rendement de 0,89.

Déterminer la puissance nécessaire du moteur électrique servant à l'entraînement de la pompe.

Solution :

Débit théorique à 2 200 tr/min :

$$Q = Cyl \times N$$

$$Q = 0{,}049 \times 2\,200 = 107{,}8 \text{ L/min}$$

Un catalogue de constructeur présente un moteur répondant à ces caractéristiques.

La puissance nécessaire à l'entraînement de la pompe est :

$$P = \frac{p \times Q}{600 \times \eta}$$

$$= \frac{180 \times 104}{600 \times 0{,}89}$$

$$= 35{,}05 \text{ kW}$$

Vérifier les résultats sur l'abaque page 106.

9 LA FILTRATION

Si on analyse les pannes se produisant sur les installations hydrauliques, on constate qu'un grand nombre de celles-ci proviennent du mauvais état du fluide hydraulique.
L'huile sous pression, circulant dans l'installation, véhicule toutes sortes d'impuretés se trouvant à l'intérieur du circuit. Ces impuretés peuvent être abrasives ou non abrasives. Dans tous les cas, il faut absolument les éliminer, car elles provoqueront des pannes et une usure anormale des composants amenant rapidement des fuites. C'est le rôle de la filtration.
La filtration de l'huile hydraulique peut se faire à l'aide :
- de crépines (grosses particules);
- de filtres (particules fines).

1 La filtration

Dans les circuits hydrauliques, la filtration peut s'effectuer :
- sur la haute pression;
- sur le retour;
- sur l'aspiration.

Filtration sur la haute pression
Le montage du filtre se fait sur la conduite de refoulement de la pompe. Cette filtration est efficace. Elle protège les composants hydrauliques mais la haute pression oblige à avoir du matériel robuste. Elle se fait à l'aide de filtres.

Filtration sur le retour
Le montage du filtre se fait sur la conduite de retour. La totalité de l'huile est filtrée.
Inconvénient : la pompe n'est pas protégée des impuretés contenues dans le réservoir, ce qui implique une filtration sur l'aspiration. Cette filtration sur le retour est très employée. Elle est efficace et bon marché et se fait à l'aide de filtres.

Filtration sur l'aspiration
Cette filtration doit protéger la pompe. Elle est assez grossière et ne peut arrêter que les grosses particules. Elle se fait à l'aide de crépine (grille métallique très fine de 150 microns). En aucun cas cette filtration ne constitue une protection des composants du système hydraulique.

2 Critères déterminant le choix des filtres

Degré de filtration à obtenir
Il correspond au diamètre moyen des particules arrêtées.
- Pour la filtration à l'aspiration : 150 microns.
- Pour la filtration sur le retour : 10 microns.
- Pour la filtration sur la haute pression : 5 à 10 microns.

Emplacement dans le circuit
- Si le filtre est à l'aspiration, il n'y a pas de pression.
- Si le filtre se trouve au refoulement, la pression est importante.

Dans tous les cas, un minimum de deux filtres est indispensable pour assurer un fonctionnement correct et durable de l'installation.
Pour une filtration fine, protégeant les composants, il faut prévoir le montage d'un filtre sur la haute pression.

3 Représentation symbolique des filtres

Fig. 1

Filtre

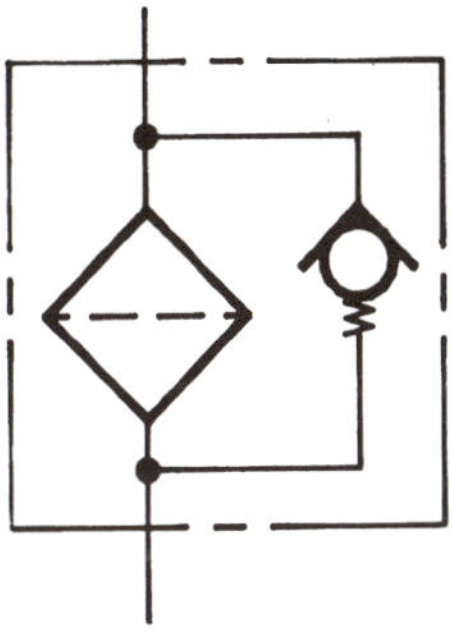
Filtre avec clapet anti-retour (by-pass)

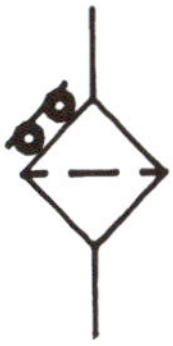
Filtre avec indicateur de colmatage

4 Différents types de filtres

Fig. 2

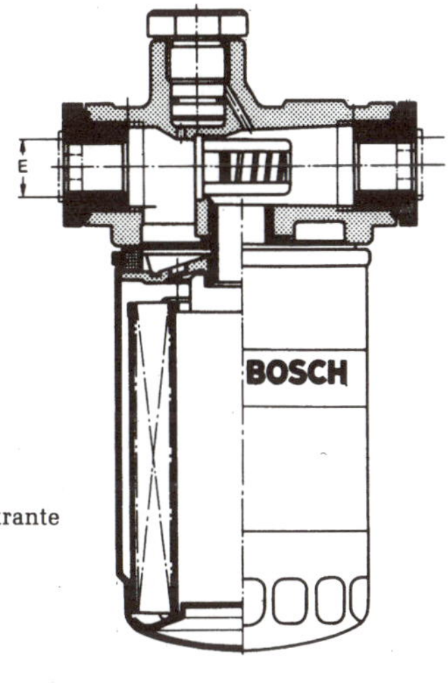

Cartouche filtrante

Filtres sur canalisation de retour
(débit nominal jusque 140 L/min)

Caractéristiques
Générales
Construction : filtre à cartouche à visser jetable;
Montage : en canalisation;
Position de montage : verticale, cartouche en bas;
Matériau filtrant : papier organique;
Porosité moyenne : 10 µm nominal avec papier OP 10
Raccordement : Taraudage.

Hydrauliques
Pression différentielle Δp max. supportée par la cartouche : 5 bars;
Pression de service admissible : 10 bars;
Débit nominal en L/min :
10/20/30/50/70/100/140;
Tarage du clapet by-pass : 3,5 bars ± 10 %;
Température de service : de − 40 °C à + 120 °C;
Fluides compatibles : tous les fluides à base d'huiles minérales.

Fig. 3

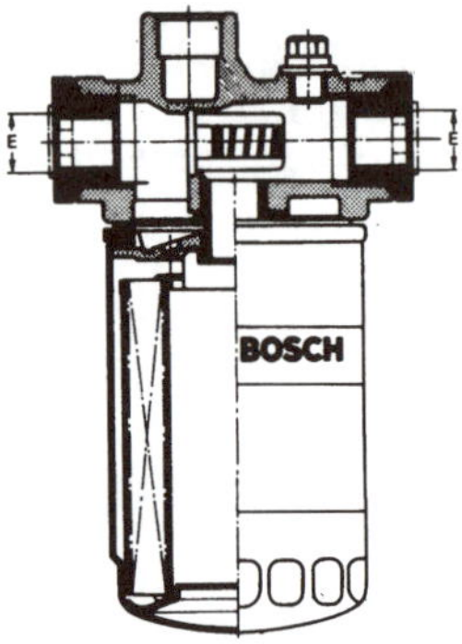

Fig. 4.

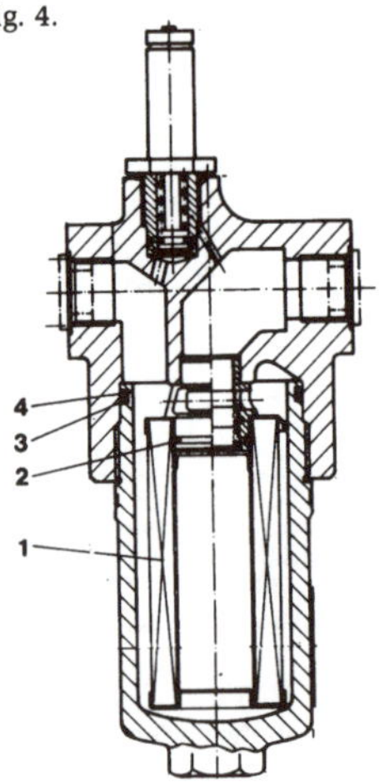

Filtres sur canalisation d'aspiration
(débit nominal jusque 50 l/mn)

(1) Cartouche filtrante

Caractéristiques Générales
Construction : Filtre à cartouche à visser jetable;
Montage : En canalisation;
Position de montage : Verticale, cartouche en bas;
Matériau filtrant : Papier organique;
Porosité moyenne : 10 µm nominal avec papier OP 10;
Raccordement : Taraudage.

Hydrauliques
Pression différentielle Δp max. supportée par la cartouche : 5 bar;
Pression de service admissible : 10 bar;
Débit nominal en l/mn : 3/8/12/20/25/40/50;
Tarage du clapet by-pass : 0,25 bar ± 10 %;
Température de service : de − 40 °C à + 120 °C;
Fluides compatibles : Tous les fluides à base d'huiles minérales.

Filtres haute pression
Pression admissible 450 bars
Débit nominal 300 l/mn.

(1) Cartouche filtrante
(2) Support de filtre vissable
(3) Tête de filtre
(4) Joint d'étanchéité

Caractéristiques Générales
Construction : Filtre à cuve d'acier pour haute pression;
Montage : En canalisation de refoulement;
Position de montage : Verticale, cartouche en bas;
Matériau filtrant : Papier organique;
Porosité moyenne : 10 µm nominal avec papier OP 10, 10 µm absolu avec papier AP 10, 3 µm absolu avec papier AP 3;
Raccordement : Taraudage
Hydrauliques
Pression différentielle Δp max. supportée par l'élément filtrant : 10 bar (210 bar);
Pression de service admissible : 450 bar;
Débit nominal en l/mn : 50/80/150/300
Tarage du clapet by-pass : 7 bar ± 10 %;
Indicateur de colmatage Δp : 5 bar ± 10 % avec indicateur visuel;
Température de service : de − 40 °C à + 120 °C;
Fluides compatibles : Fluides à base d'huiles minérales[1].
Plage de viscosité : Jusqu'à 460 mm²/s max.

5 Les indicateurs de colmatage

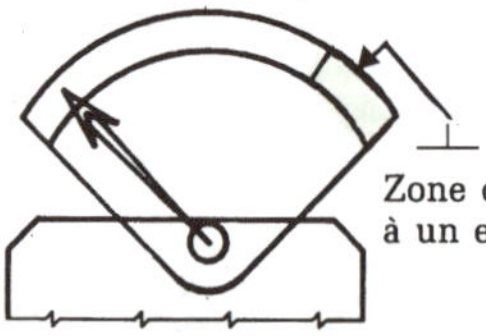

Fig. 5

Ils renseignent l'utilisateur sur le degré d'encrassement des filtres. En effet, au fur et à mesure de leur encrassement, la pression nécessaire pour les traverser augmente. Il suffit alors de mesurer cette augmentation de pression à l'aide d'un clapet et de la matérialiser avec une aiguille sur un secteur de couleur (vert et rouge), à l'extérieur du filtre.

Montage des différents types de filtres dans une installation.

1. Montage sur le retour.

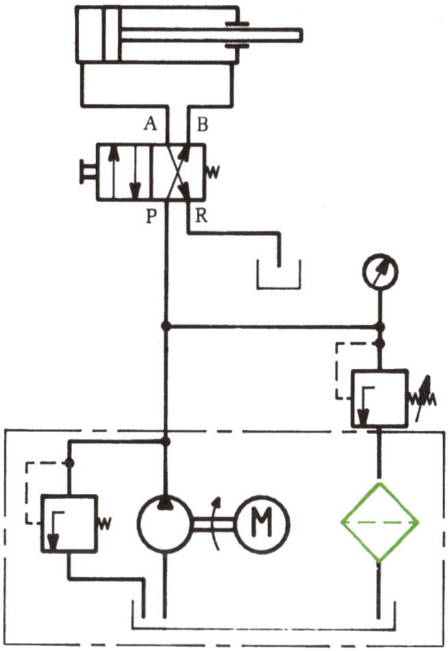

Fig. 6

2. Montage sur l'aspiration.

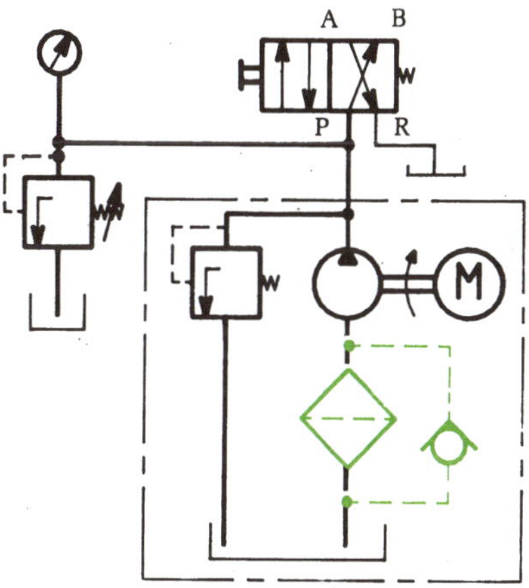

Fig. 7

3. Montage sur haute pression.

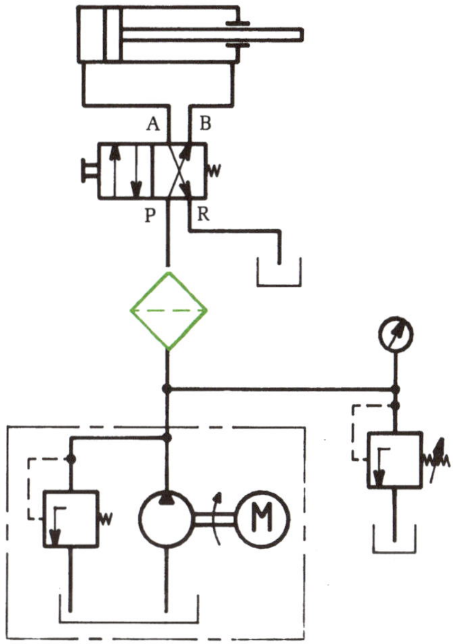

Fig. 8

1. Couvercle du réservoir
2. Bouchon à clé
3. Filtre sur orifice de remplissage

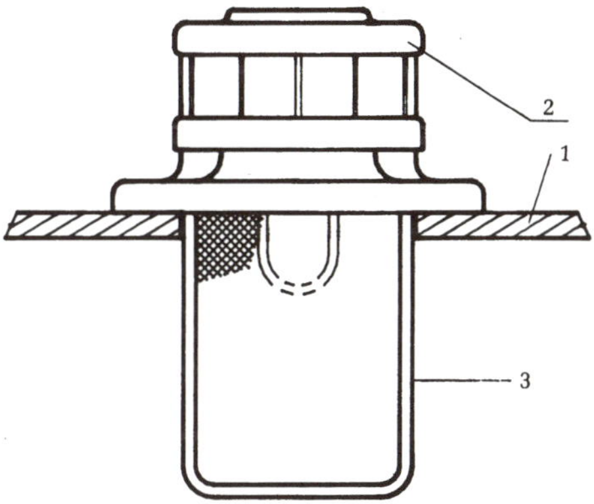

Fig. 9. Filtre de remplissage (sur groupe hydraulique)

10 LE LIMITEUR DE PRESSION

Le limiteur de pression a pour fonction de limiter la pression dans un système hydraulique à un maximum préréglé, en dérivant la totalité ou une partie du débit de la pompe au réservoir, lorsque la pression atteint la valeur de tarage (ou réglage) du limiteur. Il est monté en dérivation de la pression.

1 Détermination du rôle du limiteur de pression

Fig. 1

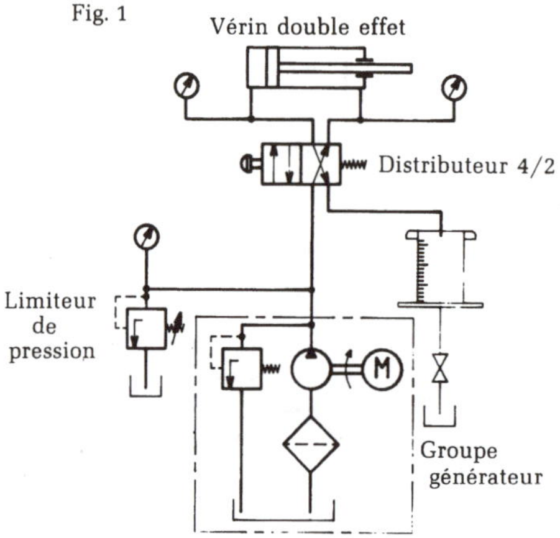

Le montage est constitué :
- d'un groupe générateur;
- d'un limiteur de pression;
- d'un distributeur 4/2;
- d'un vérin double effet.

Si l'on actionne le distributeur, la tige du vérin sort. Lorsque la tige est complètement sortie, le débit de la pompe se retrouve sans issue. La pompe continuant à débiter, la pression monte très rapidement. Il en résulte obligatoirement la rupture des canalisations et des composants. L'accident est inévitable.
Le rôle du limiteur de pression est de retourner au réservoir le débit, lorsque la pression préréglée est atteinte.

Description du fonctionnement
On distingue deux étapes dans le fonctionnement du limiteur de pression.

Étape 1

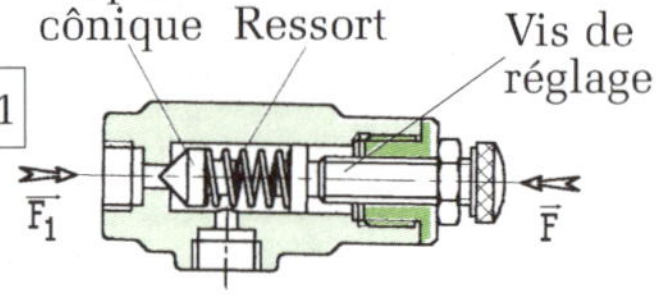

Fig. 2a

1re étape : au départ, le clapet conique est en appui sur son siège grâce à une force $\vec{F}$ d'appui (préalablement réglée). Cette force $\vec{F}$ se règle avec un ressort de pression et une vis de réglage.

Étape 2

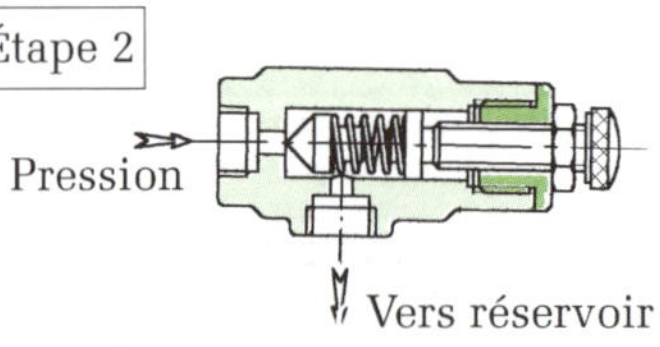

Fig. 2b

2e étape : au moment où la force $\vec{F}_1$ dépasse progressivement la force $\vec{F}$ préalablement réglée (le vérin est en fin de course), le clapet recule de son siège, libérant et autorisant le retour du fluide, sans pression, au réservoir.

Fig. 3

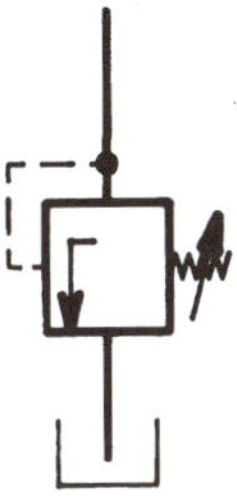

Représentation symbolique

Utilisation

Dans tout système hydraulique, il est nécessaire et obligatoire de monter un limiteur de pression. En cas de surpression dans le circuit, il assurera la sécurité évitant ainsi des accidents graves. Ce limiteur **se monte en aval** de la pompe.

Limite d'utilisation

Le limiteur de pression à commande directe a des limites d'utilisation qui se situent aux environs des 200 bars. Pour des pressions supérieures, on utilise un limiteur de pression à commande indirecte.

2 Différents types de limiteurs de pression

Fig. 4

a) Limiteurs de pression VA.

b) Valves de réglage de pression pilotées.

Remarque

La protection du système contre les pressions excessives implique de limiter la pression maximale. Ceci se fait par l'intermédiaire du limiteur de pression. Dans la figure 4, le clapet est appliqué sur son siège par la force du ressort.

3 Mesure de la pression : le manomètre

Le manomètre, placé dans une installation hydraulique, permet de mesurer la pression du fluide à l'intérieur de ce circuit.

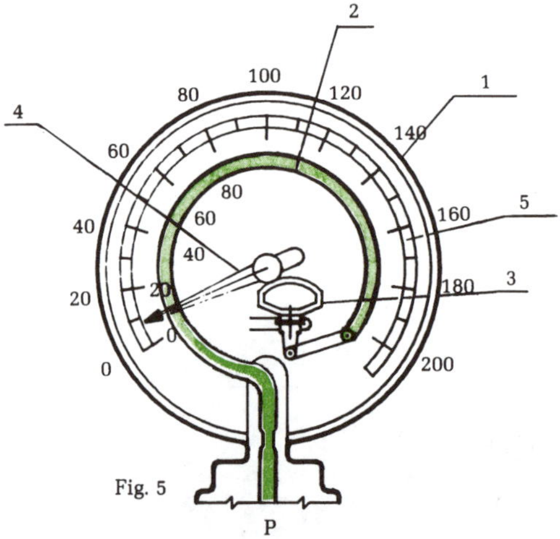

Fig. 5

Construction

Son principe et sa construction sont simples. Ses principaux éléments sont :
- 1 : un boîtier ;
- 2 : un ressort tubulaire ;
- 3 : un pignon à secteur denté ;
- 4 : une aiguille ;
- 5 : une zone de lecture graduée.

Fonctionnement

Monté dans un système hydraulique, le manomètre est soumis à la pression régnant dans l'installation. A l'intérieur du boîtier, un ressort tubulaire se déforme sous l'action de la pression. Plus la pression augmente, plus la déformation est importante. Ce mouvement est transmis à une aiguille qui se déplace devant un cadran gradué, par l'intermédiaire d'un secteur denté et d'un pignon.

Représentation symbolique

Choix d'un manomètre : en général, on choisit un manomètre offrant une plage de lecture de 50 % supérieure à la pression normale d'utilisation.

Les différents calibres sont :
- $0 < p < 160$ bars ;
- $0 < p < 400$ bars ;
- $0 < p < 600$ bars.

Manomètre

Manomètre avec amortisseur hydraulique

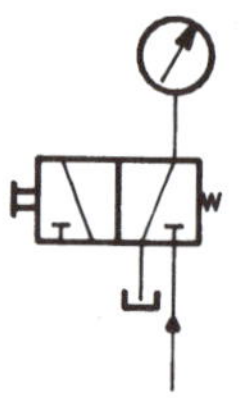
Manomètre commandé par 3/2 NF

Fig. 6

Pièces de rechange pour valves de réglage de pression

Ce schéma représente en vue éclatée les différents éléments constituant un *limiteur de pression.*

⑩ Corps en acier

⑪ Chapeau (fixé sur le corps)

⑫ Ressort de pression

⑬ Clapet

---

⑥ Clef de sécurité

⑦ Vérin de fermeture

⑧ Vis sans tête

⑨ Bouton rotatif de réglage

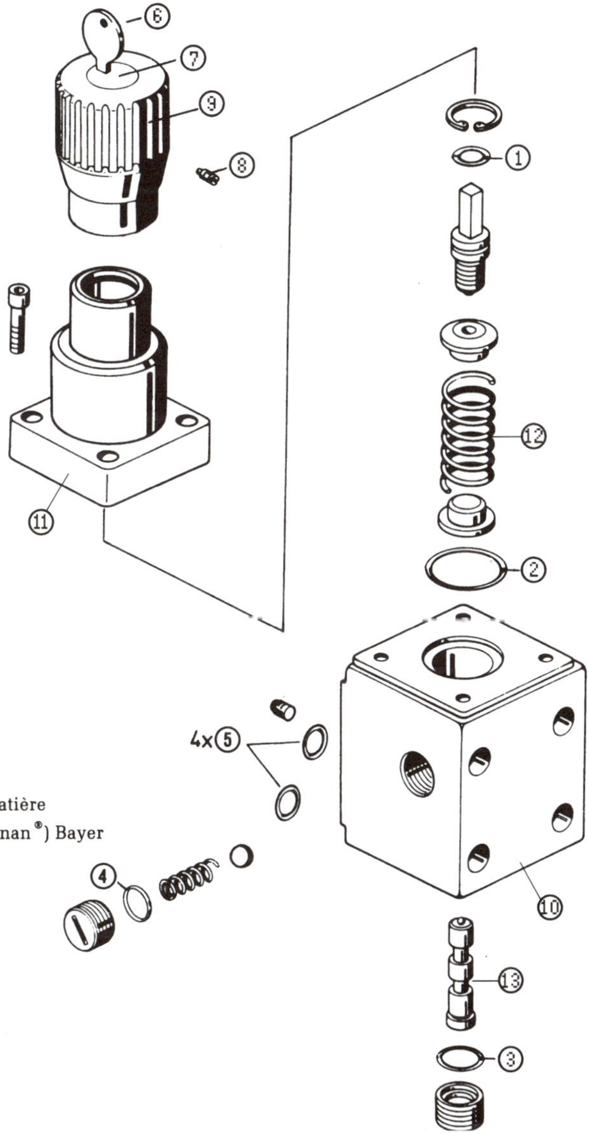

Fig. 7 Description des joints

Pochette de pièces comprenant :

①	O	12 × 2,5	Joint torique matière N NBR (Perbunan®) Bayer
②	O	29 × 2,5	
③	O	15 × 2	
④	O	9 × 1,5	
⑤	O	10 × 1,5	

1 Les fonctions générales des distributeurs : les préactionneurs

Ces composants sont destinés, dans une installation hydraulique, à diriger le fluide (sous pression ou sans pression) dans certaines directions. Ce sont de véritables « aiguillages ». Leur rôle est capital. Ils sont placés entre le groupe hydraulique et les actionneurs. Les plus utilisés sont les distributeurs à tiroir.

Fig. 1

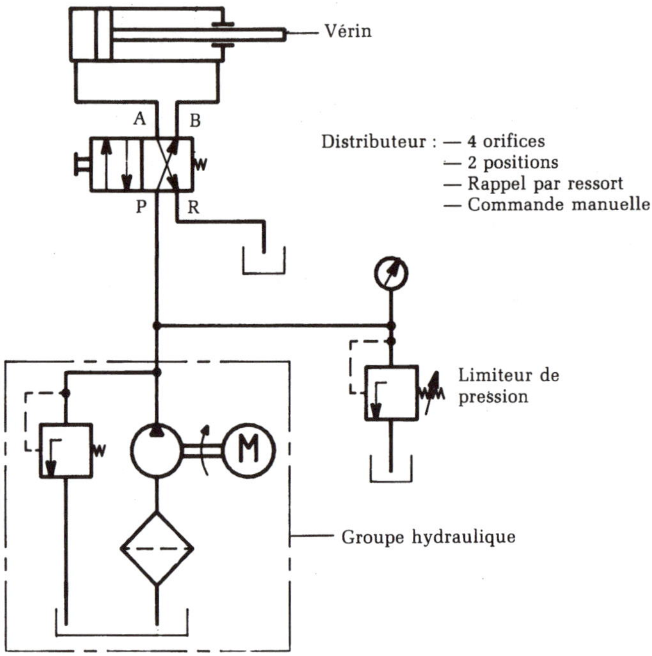

Les commandes
Sur les distributeurs, les commandes peuvent être :
- manuelles;
- électriques;
- hydrauliques;
- pneumatiques.

Caractéristiques des distributeurs
Les distributeurs se caractérisent par :
- le nombre de positions qu'ils peuvent prendre (en général 2 ou 3);
- le nombre d'orifices qu'ils possèdent (2, 3 ou 4);
- le type de commande.

2 Construction des distributeurs : le distributeur à tiroir

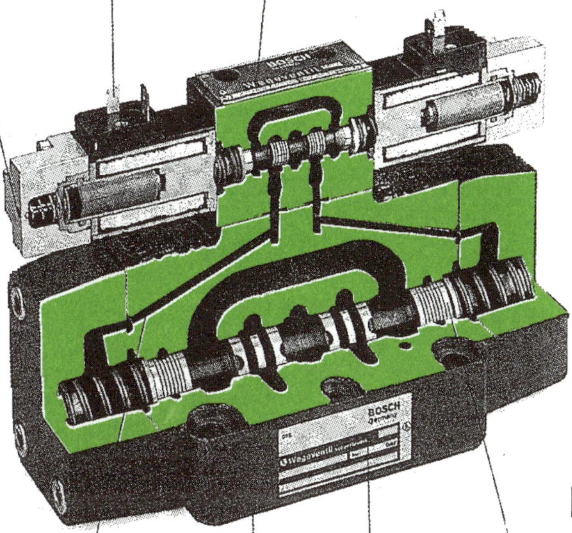

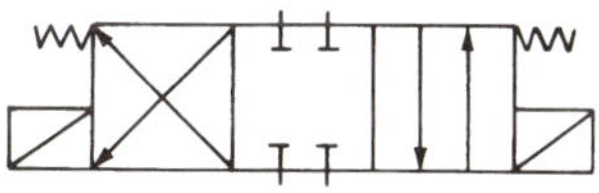

Fig. 2.

Distributeur de grande taille commandé par « valve pilote ». Symbole simplifié 4/3 à commande électrique.

3 Fonctionnement de base d'un distributeur

Dans un corps en fonte ou en acier, coulisse un tiroir en acier traité et rectifié. Le tiroir, en se déplaçant dans l'alésage du corps, vient mettre en communication les différents orifices du distributeur.

Ces orifices dont le nombre varie ont une désignation normalisée :

- P : pression ;
- A et B : utilisations ;
- R et T : retour au réservoir ;
- X et Y : pilotages { électrique / hydraulique / pneumatique / manuel

4 Principe de fonctionnement des distributeurs à tiroir

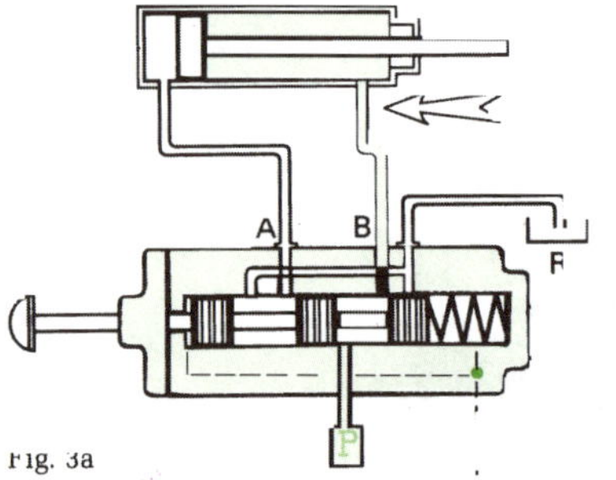

Fig. 3a

« Position repos »
Dans cette position, le distributeur reçoit la pression par l'orifice P. Le fluide sous pression est alors dirigé vers l'orifice B qui alimente la chambre avant du vérin. Le retour de l'huile sans pression (chambre arrière du vérin) se fait par l'orifice A du distributeur, qui le dirige vers le réservoir.
P → B : pression (haute pression);
A → R : retour au réservoir (basse pression).

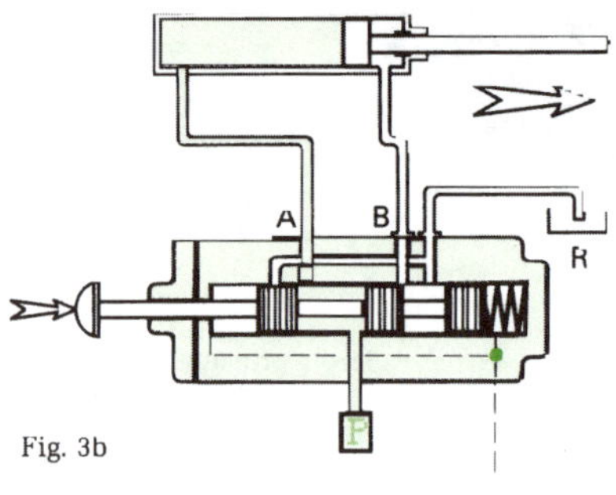

Fig. 3b

« Position travail »
En appuyant ou en agissant sur la commande du distributeur, le tiroir se déplace. L'orifice A est alors en communication avec l'orifice P de pression. Le fluide sous pression passe dans la chambre arrière du vérin. La tige sort. De ce fait, la chambre avant se vide et le fluide sans pression retourne au réservoir par l'orifice B.
P → A : pression (haute pression);
B → R : retour au réservoir (basse pression).

Remarques
Il faut distinguer les distributeurs basse pression et haute pression.
Dans le 1er cas, le corps est en fonte grise.
Dans le 2e cas, celui-ci est en acier mi-dur. Le tiroir est en acier traité, rectifié. Il coulisse sans joint dans le corps (tolérance : 5 microns).
L'étanchéité n'est donc jamais parfaite.

Travaux pratiques sur « banc hydraulique »

Pression de service
La pression de service doit être réglée à 30 bars.

Recommandations
- S'assurer de la propreté du lieu de travail.
- Préparer les composants qui seront utilisés et ranger les autres.
- Réaliser le montage suivant le schéma.
- Faire vérifier le montage avant la mise en service.
- Effectuer le TP suivant la feuille de travail.

Matériel à prévoir
- Un groupe générateur (1).
- Un vérin double effet (2).
- Un distributeur 4/2 (3)
- Un limiteur de pression (4).
- Trois manomètres (5).
- Un réservoir avec robinet (6).
- Des tuyauteries (7).

- La recherche de défauts et le démontage se fait obligatoirement sur une installation sans pression.

Feuille de travail
1. Régler la pression de service à 30 bars.
2. Noter en 1 les pressions p_1, p_2, p_3.
3. En appuyant sur Dc que se passe t-il ?
4. Noter en 2 les pressions p_1, p_2, p_3.
5. Indiquer la provenance de cette huile et le volume.
6. Relâcher Dc. Que se passe t-il ?
7. Noter en 3 les pressions p_1, p_2, p_3.
8. Indiquer la provenance de cette huile et le volume.
9. Établir une conclusion en quelques lignes.

	p de service	p_1	p_2	p_3
①	30 bars			
②	30 bars			
③	30 bars			

Fig. 4

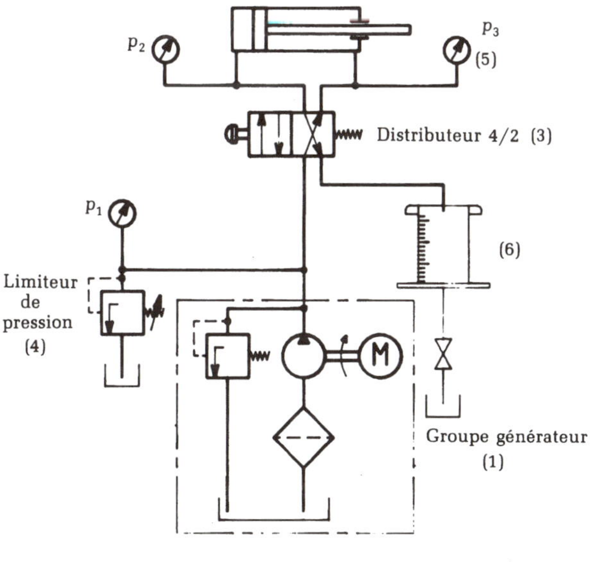

1 Pourquoi une symbolisation?

Dans l'élaboration des schémas, il n'est pas possible de représenter le distributeur dans sa forme réelle (c'est-à-dire sous sa forme commerciale). Ceci serait trop long et prendrait trop de place. Aussi a-t-on imaginé une représentation simple et logique tenant compte du principe de fonctionnement du distributeur.
Cette représentation normalisée respecte :
- le nombre de positions;
- le nombre de voies et d'orifices;
- le type de commande.

2 Description de l'élaboration d'un symbole

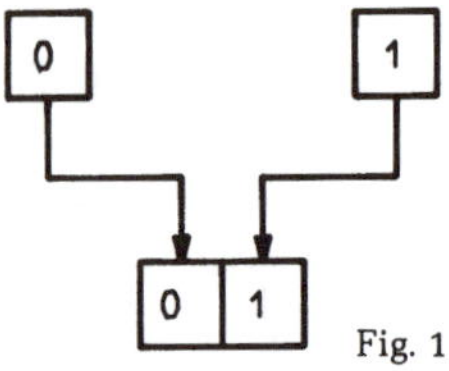

Fig. 1

Le nombre de positions
Le tiroir du distributeur peut prendre différentes positions. Sur la représentation ci-contre, le tiroir a la possibilité de se trouver sur deux positions :
- une position «repos»;
- une position «travail».

Dans la représentation symbolisée actuelle, chaque position est représentée par une case. Le distributeur pris en exemple possède deux positions, ce qui va entraîner pour la représentation deux cases.

Fig. 2

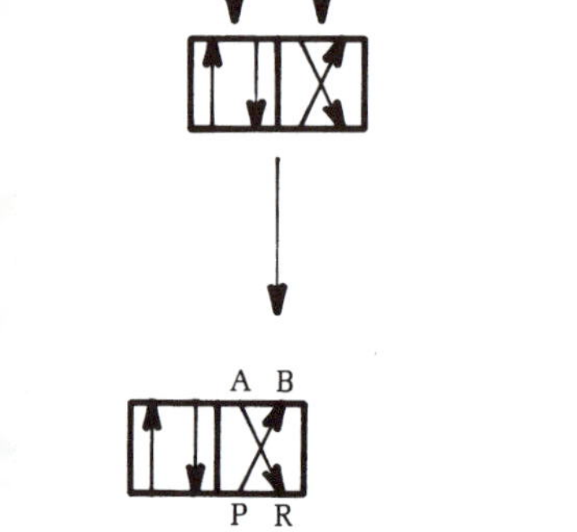

Le nombre d'orifices
A l'intérieur du distributeur, le fluide peut prendre différents chemins, avec ou sans pression. Dans la représentation symbolisée, à l'intérieur de chaque case, on indique les chemins que peut emprunter le fluide, ainsi que le sens d'écoulement. Ainsi lorsque l'on agit sur la commande du distributeur, le tiroir se déplace, ce qui a pour effet d'inverser la distribution.
- Dans le premier cas ou première position (repos), le fluide sous pression circule de P → B; le retour s'effectue de A → R (fig. 2).
- Dans le deuxième cas ou deuxième position (travail), le fluide sous pression circule de P → A; le retour s'effectue de B → R (fig. 3).
Ainsi, ce distributeur possède quatre orifices et deux positions.
Sa désignation sera : distributeur 4/2.

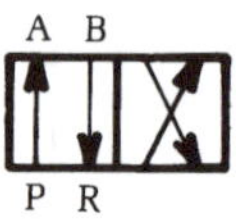

Fig. 3

Le type de commande
Le type de commande est le dispositif qui permet le déplacement du tiroir à l'intérieur du corps du distributeur. Ce distributeur peut être :
- manuel : poussoir ou levier avec ressort de rappel;
- électrique : une ou deux bobines provoquent le déplacement;
- hydraulique : la pression de pilotage est de 10 bars;
- pneumatique : la pression de pilotage est de 3 bars.

Le dispositif de commande est ajouté sur les côtés de la représentation symbolique du distributeur.

Exemple de représentation symbolique
Distributeur 4/2
Quatre orifices; deux positions.
Commande manuelle.
Rappel par ressort.

3 Symboles des principaux distributeurs

Les types de commandes

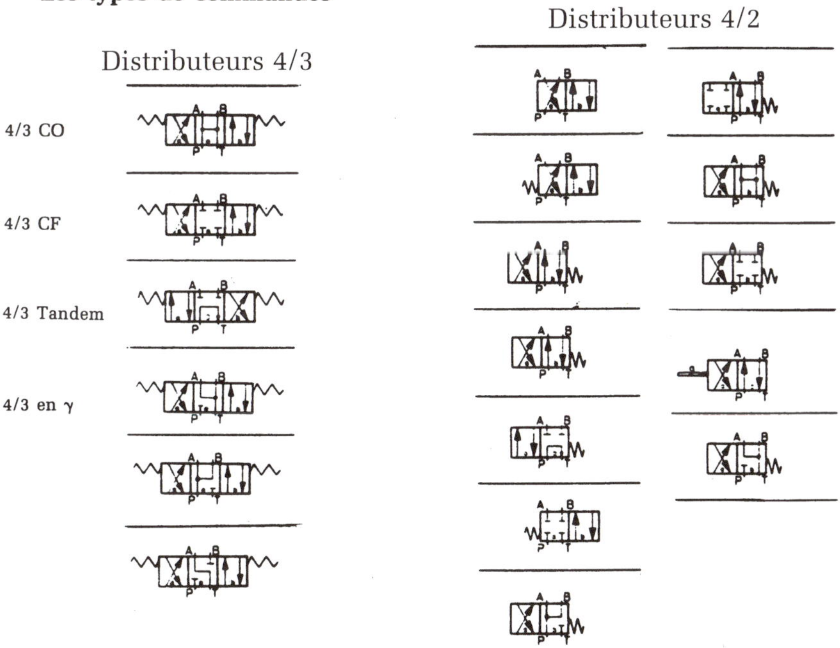

Fig. 4. Symboles des principaux distributeurs : distributeurs 4/3 et distributeurs 4/2.

4 Symbolisation des pilotages hydrauliques

Type de commande n° 2 : hydraulique		
Pression de pilotage	= 10 bars + 0,25 pression de retour maxi 210 bars	
Volume de pilotage par côté	0,3 cm³	
Temps de commande	pc = 50 bars	pc = 200 bars
Temps de l'enclenchement	de 50 à 100 ms (1)	de 15 à 30 ms (1)
Temps du déclenchement	de 60 à 150 ms (1)	de 60 à 150 ms (1)
Poids		
Commande d'un seul côté	1,6 kg	
Commande des deux côtés	2,0 kg	

1) Dépend de la pression de pilotage et de la longueur des canalisations.
2) Pour une pression de pilotage > 100 bars, restriction de ∅ 1 nécessaire dans la canalisation de commande.

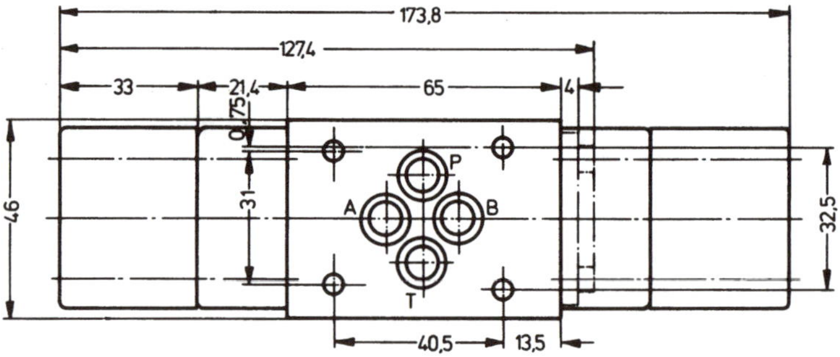

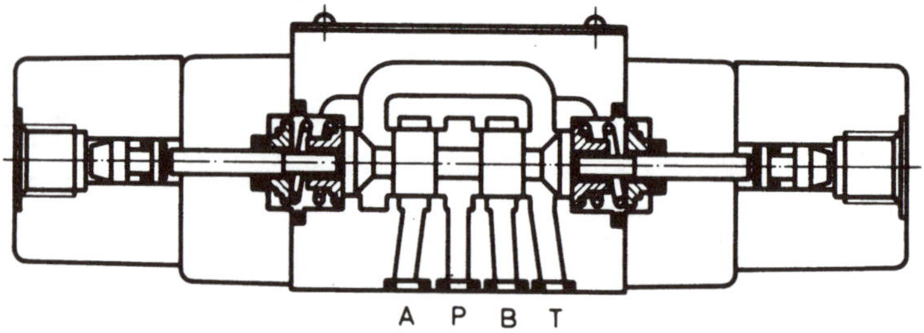

P : Pression
A et B : Utilisations (vers orifices actionneurs)
T : Retour au réservoir

Distributeur NG6 : modes de commande

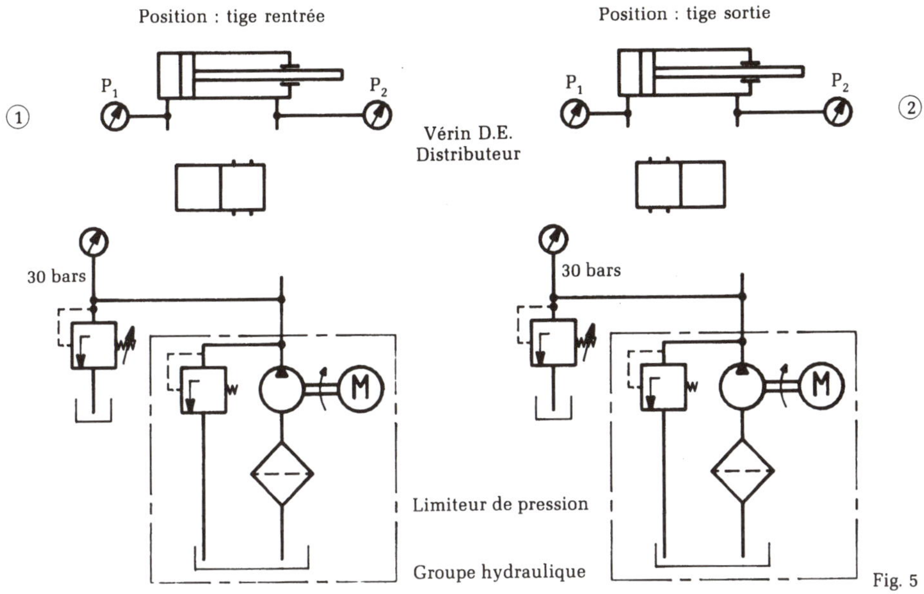

Fig. 5

— Placer la commande (hydraulique des deux côtés)

— Placer les voies et les orifices en ① et en ②.

— Effectuer le montage sur banc hydraulique.

— Prendre les précautions d'usage.

13 DIFFÉRENTS DISTRIBUTEURS : 3/2, 4/2

1 Le distributeur 3/2

Constitution
Trois orifices, deux·positions.

Rôle
Ces distributeurs autorisent l'écoulement du fluide dans un sens tout en l'interdisant dans l'autre sens.

Application
Ces distributeurs permettent la commande des vérins simple effet.

Construction, principe de fonctionnement
1. Corps.
2. Tiroir.
3. Ressort de rappel.
4. Flasque avec joints.

Fig. 1a

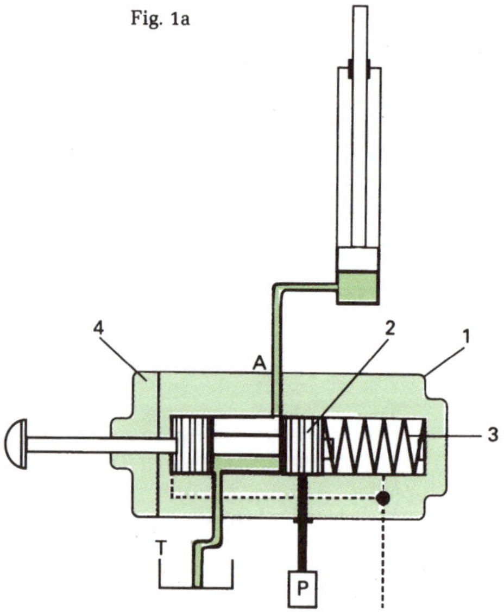

Fig. 1b

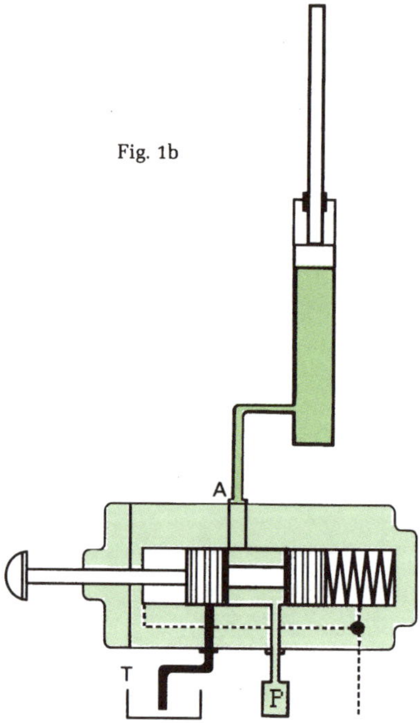

Ce distributeur possède deux positions.
1re position : dans cette position, le tiroir du distributeur ferme l'orifice P de pression. De ce fait, l'orifice A est ouvert; le fluide retourne, sans pression, par l'orifice T au réservoir.
2e position : une action sur la commande du distributeur pousse le tiroir. L'orifice de pression P est ouvert; le fluide sous pression est dirigé vers l'orifice A (utilisation), faisant sortir la tige du vérin. Si on relâche la commande, P se ferme et T s'ouvre. L'huile retourne au réservoir et la tige du vérin rentre.

Symbole

Fig. 2

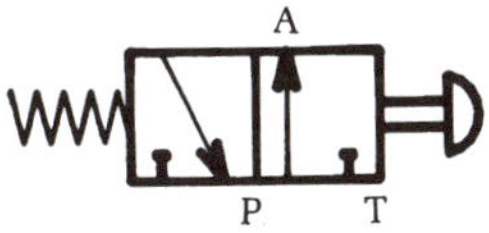

2 Le distributeur 4/2

Constitution
Quatre orifices, deux positions.

Rôle
Ces distributeurs autorisent l'écoulement du fluide dans les deux directions. Ils assurent l'alimentation des deux chambres du vérin.

Application
Ces distributeurs assurent la commande des **vérins double effet.**

Construction, principe de fonctionnement

1. Corps.
2. Tiroir.
3. Ressort de rappel.
4. Flasque avec joints.

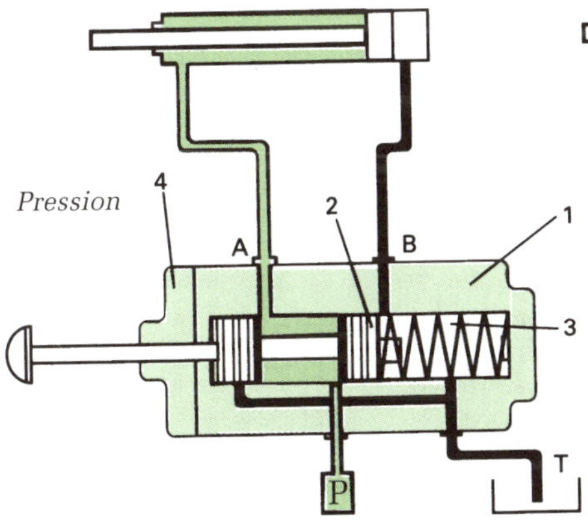

Fig. 3a

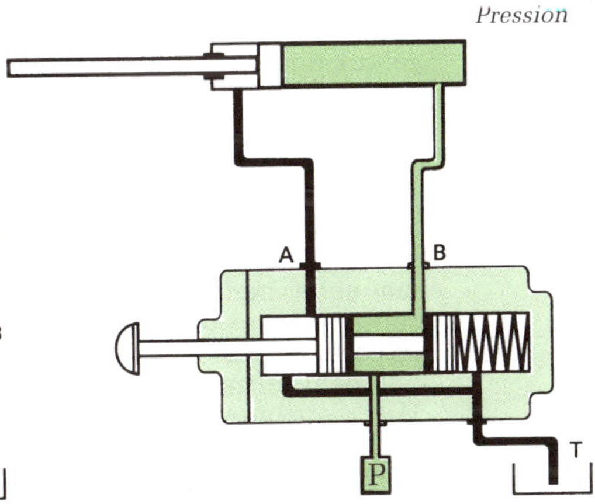

Fig. 3b

Ces distributeurs possèdent deux positions.
1re position : dans cette position, le tiroir du distributeur est placé de telle sorte que les voies assurent le passage de :
P pression vers A utilisation;
B vidange chambre avant vers T réservoir (sans pression).
2e position : une action sur la commande du distributeur pousse le tiroir. Une modification intervient au niveau de la mise en concordance des orifices.
P pression vers B utilisation;
A vidange chambre avant vers T réservoir (sans pression).
Dans cette configuration, la tige de vérin sort.
Si on relâche la commande, le distributeur revient dans sa position de départ.

Symbole

Fig. 4
Distributeur 4/2 monostable à commande électrique

3 Remarques sur la commande des distributeurs hydrauliques

Il existe différentes possibilités de provoquer le déplacement du tiroir dans le distributeur.

1. *Manuellement* : la commande est directe; c'est l'action du levier ou du système de commande qui crée le déplacement du tiroir dans celui-ci. Le distributeur peut être *«monostable»* : un ressort assure le retour du tiroir au repos dès que l'ordre est annulé.
Le distributeur peut être *«bistable»* : dans ce cas, celui-ci possède deux positions stables (pas de ressort de rappel).

2. *Commande par fluide hydraulique* : jusque 30 L/min, la force manuelle ou électrique est suffisante. Si le débit devient plus important, alors, on pilote hydrauliquement le tiroir du distributeur.
Un distributeur appelé distributeur de commande, en 1/4", pilote le distributeur de puissance.

3. *Commande électrique* : une ou deux bobines provoquent le déplacement du tiroir (petit débit).

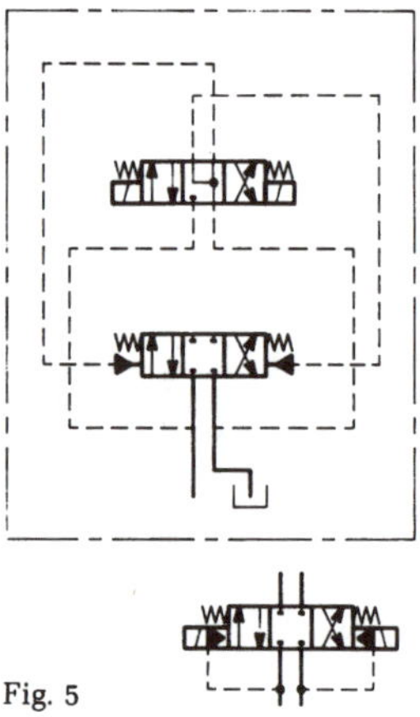

Fig. 5

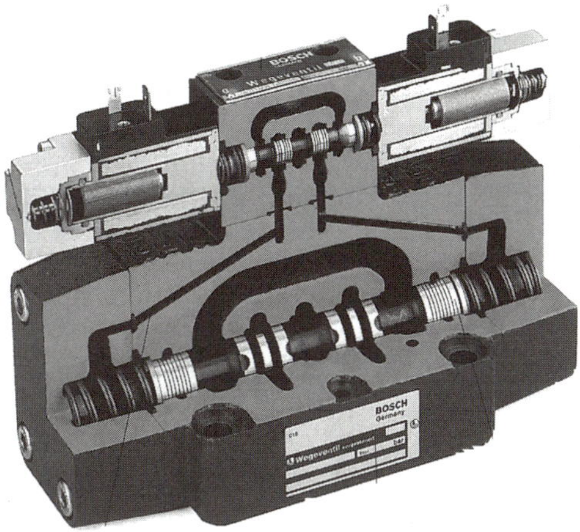

Étage de pilotage

Valve de distribution principale

Remarque : ce distributeur correspond au symbole Fig. 5 – page 52

4 Forme commerciale d'un distributeur HYD

① Étage de pilotage
② Commande proportionnelle
③ Plan de pose normalisé avec étage de puissance

Débit maximum : 350 l/mn
Pression de service : 35 bars maxi

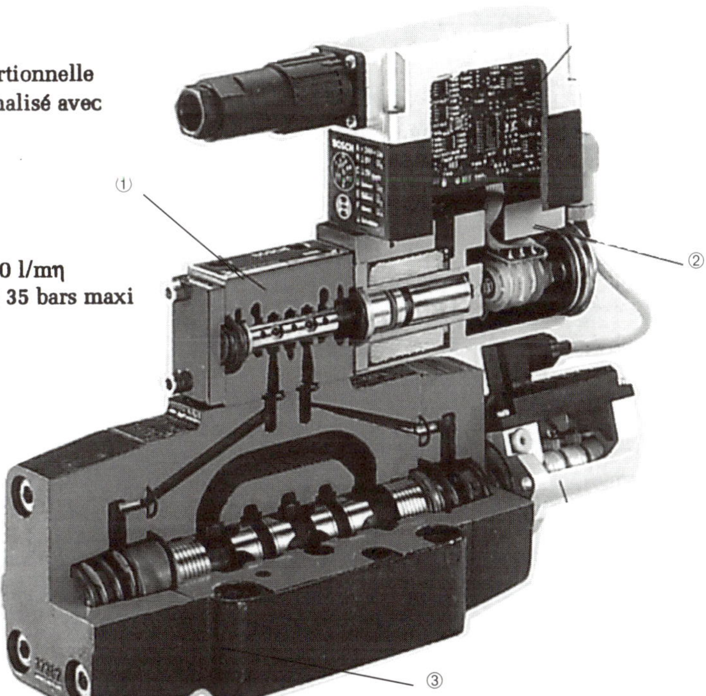

Voir également : Référence Génie mécanique - Automatismes industriels, même collection.

1 Le distributeur

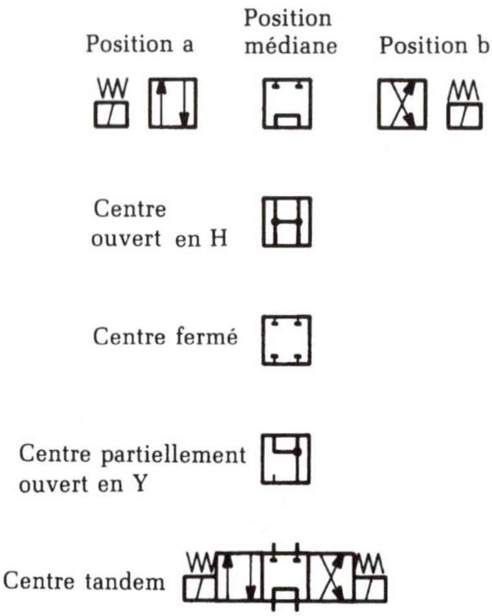

Constitution
Quatre orifices, trois positions.

Rôle
Ces distributeurs autorisent l'écoulement du fluide dans les deux directions en alimentant la chambre arrière ou la chambre avant. Ils possèdent en plus une position médiane.

Application
Ces distributeurs permettent la commande des vérins double effet ou des moteurs hydrauliques.

Description du symbole
Dans ce type de distributeur, trois positions sont à considérer, chacune ayant une représentation propre à sa fonction.

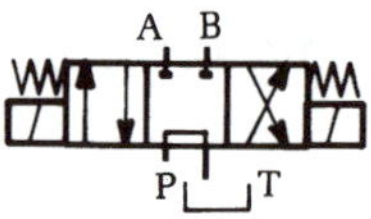

Fig. 1

Exemple
Distributeur 4/3, pilotage électrique avec renvoi du débit de la pompe au réservoir (fig. 1 et 2).

Description du fonctionnement

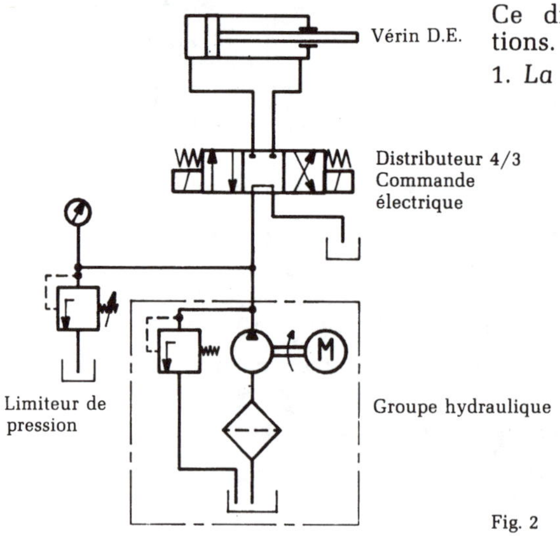

Fig. 2

Ce distributeur possède trois positions.

1. *La position médiane* (fig. 3) :

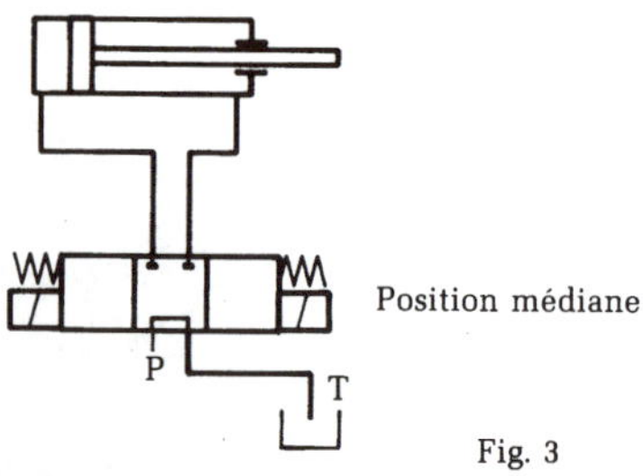

Fig. 3

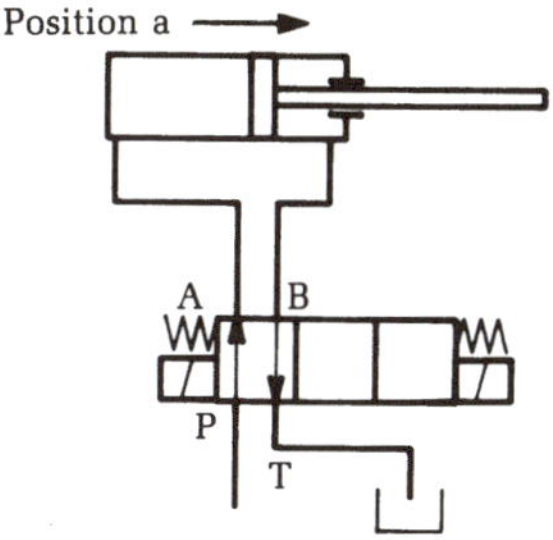

Fig. 4

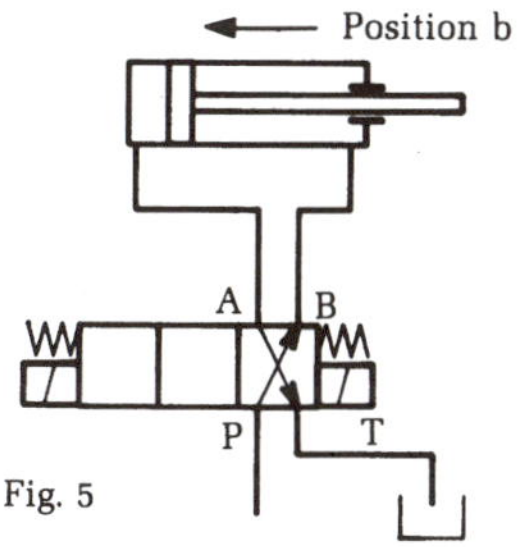

Fig. 5

Le groupe générateur fournit le fluide sous pression. Dans la position médiane, l'huile circule sans pression vers le réservoir. Les chambres avant et arrière du vérin ne sont pas alimentées.

2. *La position « a » du distributeur* (fig. 4) :

Dans cette position, la pression passe de P vers A. Sous la mise en pression de la chambre avant, la chambre arrière se vide vers le réservoir par la voie B vers T. On observe la sortie de la tige du vérin.

3. *La position « b » du distributeur* (fig. 5) :

Dans cette position, par une action sur la commande du distributeur, le tiroir met en concordance les voies de la façon suivante : la pression passe de P vers B. La chambre arrière est mise sous pression ; la chambre avant se vide par l'orifice A vers T (retour au réservoir). On observe la rentrée de la tige du vérin.

2 Différents types de « positions médianes »

Fig. 6

Centre fermé (fig. 6)

Tous les orifices du distributeur sont fermés. La pompe débite sur une autre partie de l'installation. Il est possible de bloquer en position un récepteur pendant un temps déterminé (il faut tenir compte des fuites internes du distributeur).

Fig. 7

Centre ouvert (fig. 7)

Tous les orifices du distributeur sont en communication avec le réservoir. Ce type de centre permet la décharge de la pompe au repos.

Fig. 8

Centre tandem (fig. 8)

Les orifices d'utilisation A et B sont bloqués. L'orifice P de pression est relié au réservoir. Dans ce cas, le débit retourne au réservoir alors que les actionneurs sont bloqués.

Fig. 9

Centre partiellement ouvert (fig. 9)

Le débit de la pompe, dans ce cas, peut être utilisé dans une autre partie de l'installation. L'orifice P est bloqué.

3 La commande électrique

Ce type de commande est généralement retenu. Le déplacement du tiroir dans le distributeur est obtenu par une ou deux bobines.
L'alimentation peut se faire par :
- un courant alternatif (24 V. CA);
- un courant continu (24 V. CC).

4 Avantage de la position médiane

Cette position permet, pendant les arrêts, de retourner le fluide au réservoir sans le faire travailler. Ceci lui évite un échauffement inutile.

5 Symbole : exemple de représentation

Distributeur 4/3 avec renvoi du débit de la pompe au réservoir.
Pilotage électrique

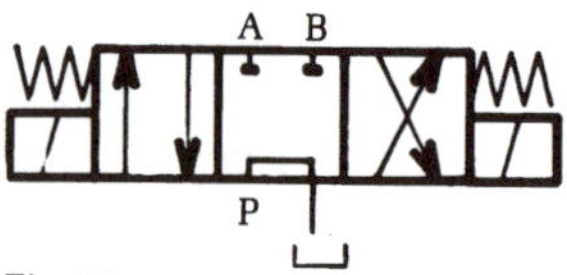

Fig. 10

Exemple de distributeur
Distributeur 4/3 à commande électrique

Mode de commande N° 1 : électrique		
Facteur de marche	100 %	
Mode de protection	IP 65 selon DIN 40 050, NF C 20 010 et IEC.144.3415	
Fréquence maxi	18 000/h	
Tolérance de tension nominale	± 10 %	
Puissance absorbée	Courant continu	Courant alternatif
à l'appel	30 W	128 VA
au maintien	30 W	45 VA
Puissance nominale	30 W	18 W
Temps de commande(*)		
à l'enclenchement	20 à 60 ms	5 à 20 ms
au déclenchement	10 à 60 ms	10 à 60 ms
Poids		
avec 1 électro-aimant	1,8 kg	1,5 kg
avec 2 électro-aimants	2,5 kg	2,0 kg

Fig. 11. Distributeur NG6; modes de commande. (*) Dépend du débit.

Commande d'un système à un ou deux vérins couplés avec arrêt et blocage en position déterminée.

1. La commande des deux vérins est assurée par un distributeur 4/3 à commande électrique. Dans ce montage, la particularité provient du fait que les deux tiges doivent pouvoir sortir et rentrer en même temps. L'arrêt doit se faire également en n'importe quelle position.

2. Dans cet exemple, la position médiane du distributeur est différente. La tige de vérin doit pouvoir sortir, rentrer et s'arrêter en n'importe quelle position.

Fig. 12

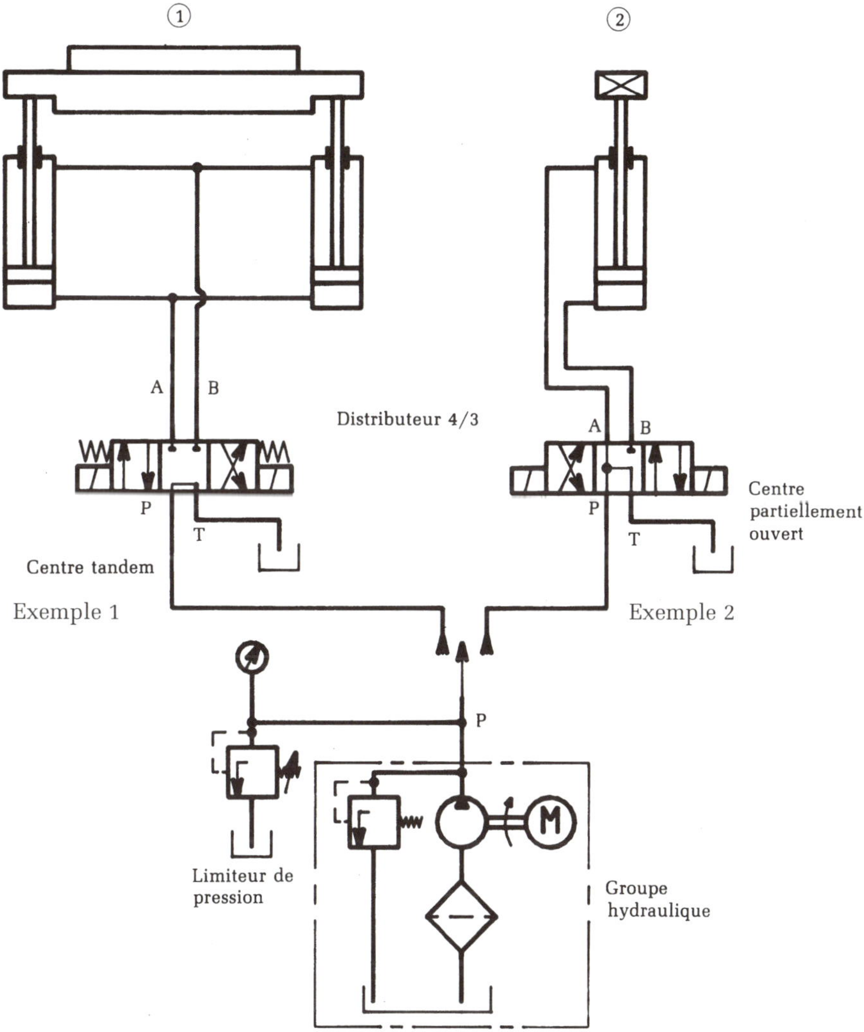

15 LES CLAPETS ANTI-RETOUR

1 Les clapets anti-retour

Ce composant permet au fluide sous pression de circuler dans un sens déterminé. Il lui interdit le passage dans l'autre sens.

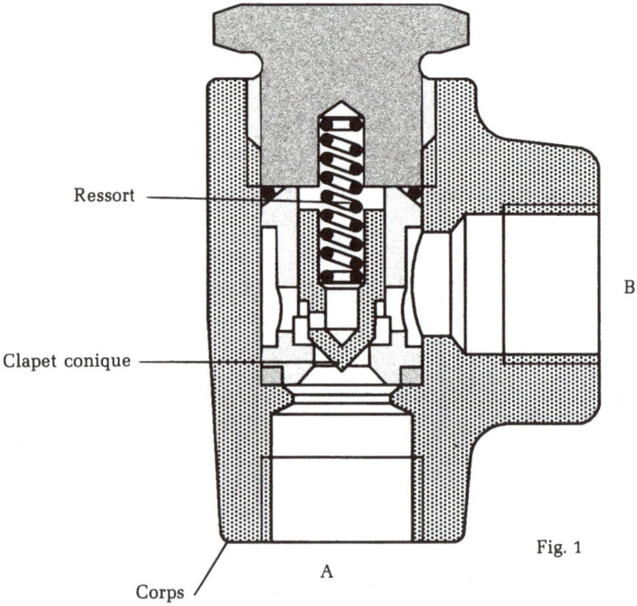

Fig. 1

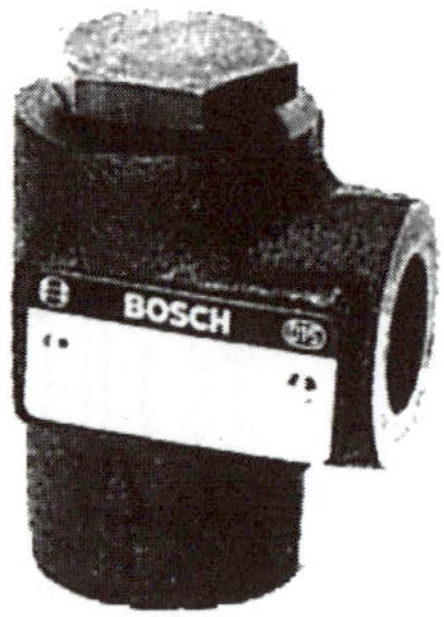

Fig. 2

Construction
Les principaux éléments constituant cet appareil sont :
- le corps;
- le clapet conique;
- le ressort.

Fonctionnement
Un clapet conique est soumis à la pression d'un ressort. Quand l'huile sous pression circule de A vers B, la pression pousse le clapet laissant le libre passage à l'huile.

Fonction anti-retour
Le fluide circule maintenant de B vers A. La pression, avec le ressort, pousse le clapet sur son siège, provoquant l'obturation du circuit fluidique.

Symbole

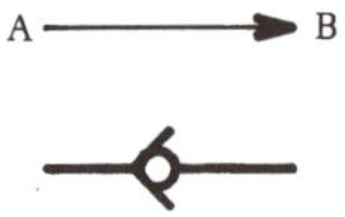

Fig. 3

2 Les clapets anti-retour pilotes

Ils ont la même fonction que les clapets anti-retour simples. La fonction anti-retour cesse lorsque l'on donne une information hydraulique sur l'orifice de pilotage.

Fonctionnement

Le fluide sous pression circule de A vers B. Le piston pilote se trouve dans la partie gauche du corps. Dans l'installation, le fluide peut parfois circuler de B vers A. Pour cela, il faut soulever le clapet conique de son siège. On actionne hydrauliquement le piston pilote qui se déplace vers la droite et repousse ainsi le clapet conique.

Fig. 4

Pilotés

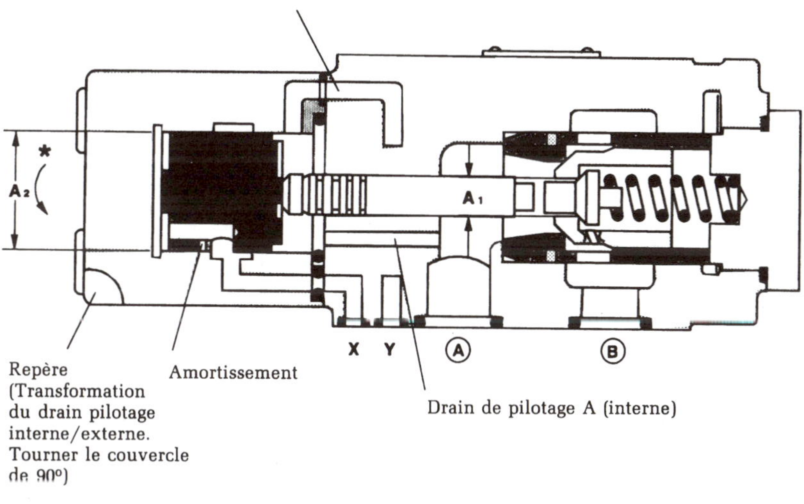

Utilisation

Ces composants sont utilisés pour le blocage d'un vérin à une position déterminée. Ils sont placés entre le vérin et le distributeur. L'ouverture du clapet est provoquée par une action hydraulique sur le piston pilote.

Symbole

Fig. 5

Il assure l'étanchéité d'un circuit lorsqu'on immobilise une charge.

Exemple : clapet de non-retour à raccordement direct.

Caractéristiques générales
- appareils avec un sens d'écoulement interdit;
- montage en ligne;
- raccordement par orifices GAZ, BRIGGS ou métrique (voir tableau);
- appareils compatibles avec les huiles minérales, eau-glycols, fluides de synthèse.

Caractéristiques hydrauliques

Calibres	**08**	**10**	**12**	**16**	**20**	**25**
Pression maximale d'utilisation	315 bars				250 bars	
Débit nominal en L/min	10	25	40	72	110	180
Débit maximal en L/min	16	40	60	110	170	250

- gamme de tarage : - 0,45 bar - 1,2 bar - 4,5 bars
- viscosité : - minimale : 10 cSt à la température maximale du fluide
  - maximale : 300 cSt à la température minimale du fluide

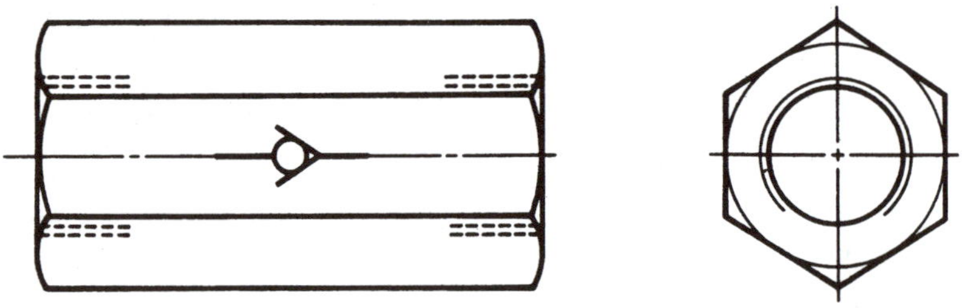

Fig. 6
Clapet de non-retour à raccordement direct.

1 Maintien en position, sans fuite, d'une tige de vérin à une position choisie

1. Le distributeur ne permet pas, à lui seul, d'avoir un maintien stable, en position, d'une tige de vérin. Les fuites internes de ce composant en sont la cause. Pour remédier à ce défaut, on utilise deux clapets anti-retour pilotés.

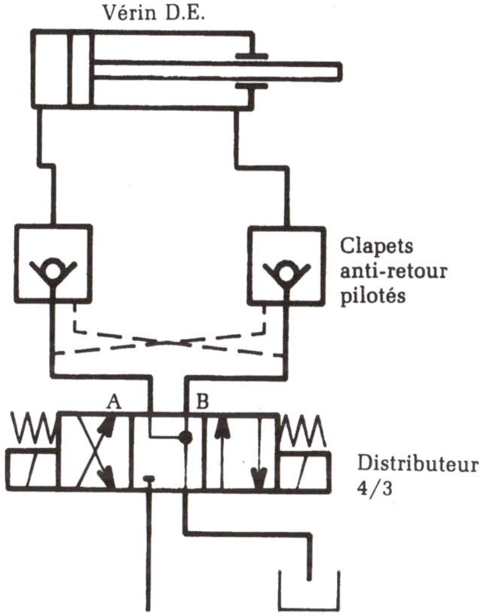

Fig. 7

2. Dans ce montage, le vérin doit assurer le maintien en toute sécurité d'une charge plus ou moins importante durant toute sa course. Le limiteur de débit unidirectionnel intervient ici pour contrôler la vitesse de descente.

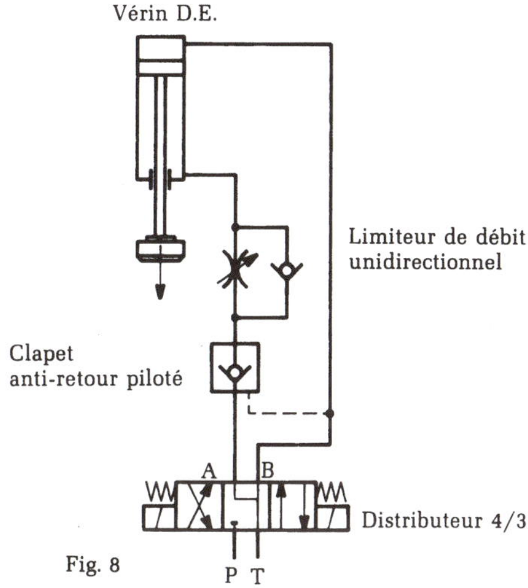

Fig. 8

2 Réalisation des montages

Matériel à prévoir

Groupe générateur de puissance :

- 2 clapets anti-retour pilotés;
- 1 distributeur 4/3 en Y Commande électrique;
- 1 vérin D.E.;
- 1 réducteur de débit unidirectionnels.

Conduites et raccords.

Recommandations importantes

- Travailler sur un lieu propre et sans huile.
- Vérifier le montage avant mise en pression.
- Ne pas travailler sur une installation sous pression.

16 CONSTRUCTION DES VÉRINS

1 Le vérin

Le vérin est l'élément moteur des systèmes hydrauliques. Son principe de construction est simple, mais sa fabrication, son usinage et son montage demandent beaucoup de rigueur. Il existe, chez les constructeurs, de nombreux types de vérins mais certains éléments de base restent identiques à tous les vérins comme :
- le corps;
- les flasques avant et arrière;
- le piston et la tige;
- les joints;
- un système d'amortissement.

Fig. 1

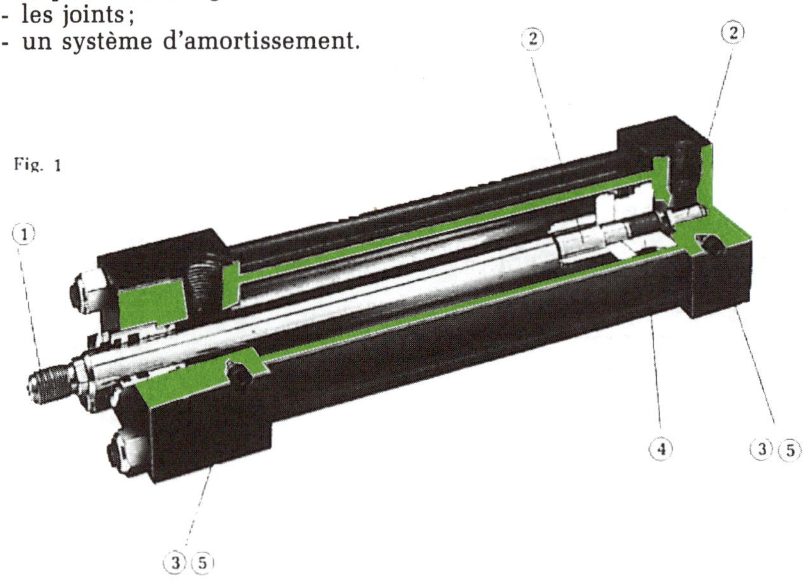

1. Extrémité de tige filetée.
2. Bagues d'amortissement flottantes : meilleur démarrage; centrage parfait, d'où meilleure durée de vie.
3. Purges en standard : nombreuses et facilement accessibles ; noyées dans les fonds.
4. Piston en deux parties : montage des joints plus facile.
5. Amortissement avant et arrière réglable par vis pointeau imperméable.

Le corps

Cet élément est constitué d'un tube en acier sans soudure. Sa finition intérieure est très soignée, ce qui permet d'obtenir une étanchéité parfaite. Il est rodé, mais pas glacé, pour éviter le gommage. Son assemblage aux flasques avant et arrière se fait par quatre tirants ou par filetage.

Les flasques avant et arrière
Ils ont plusieurs fonctions et certaines sont identiques. Ces deux parties du vérin possèdent des logements pour les joints assurant les différentes étanchéités. Les orifices de purge sont taraudés et le système d'amortissement « fin de course », qui n'est pas obligatoire, se trouve dans ces parties du vérin. Les alimentations se font par raccord fileté. Le flasque avant assure le guidage de la tige du piston.

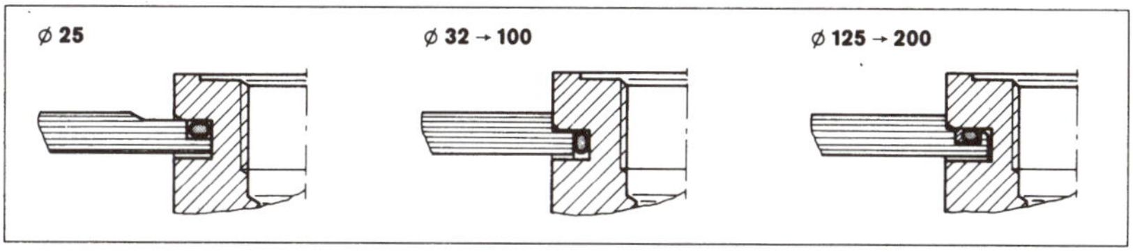

Fig. 2
Étanchéité cylindre/fond.

Le piston
Son rôle principal est d'assurer l'étanchéité entre la chambre avant et la chambre arrière. Les joints diffèrent suivant le type de vérin.

La tige
Elle est en acier chromé dur. A son extrémité se trouve un filetage ou un taraudage. Elle possède un carré pour les opérations de montage et de démontage.

Les joints
Le rôle de ces éléments est d'assurer les différentes étanchéités nécessaires au bon fonctionnement du vérin. Ce sont des composants importants et très fragiles. Leur montage demande de la méthode et du soin (réfection des vérins).
- Joints toriques : entre piston et alésage.

Sur ce type de vérin, la pression est limitée à 70 bars et la vitesse à 0,15 m/s.
- Joints à lèvres.

L'étanchéité ne s'effectue que dans un seul sens. Sur les vérins possédant ce type de joints la pression d'utilisation peut atteindre 350 bars.
- Segments métalliques (en bronze).

Ils sont très résistants aux températures et peuvent travailler à des cadences élevées. Le montage est très robuste.

2 Amortissement « fin de course »

Ce système supprime les chocs du piston contre les flasques. C'est un dispositif réglable, interne au vérin, qui freine le piston juste en fin de course.

Amortissement

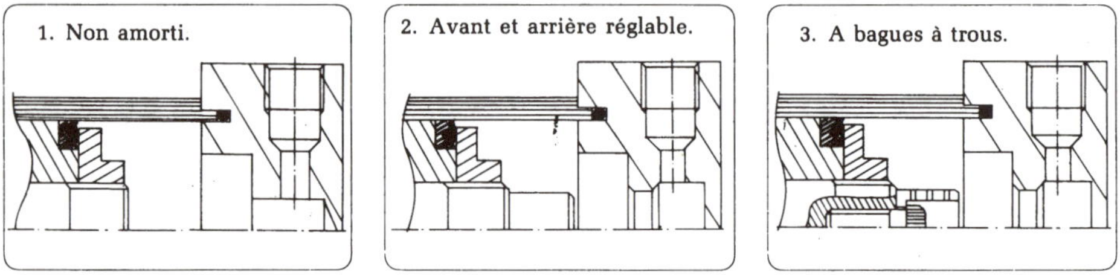

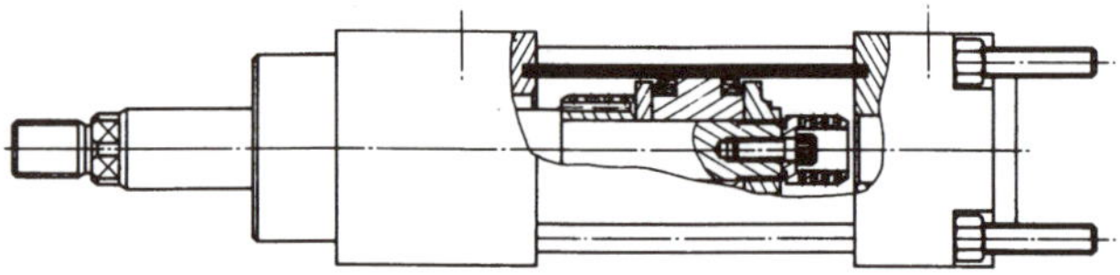

Fig. 3

Super amortissement « BT », vérins série CTH et série CBH.
L'option super amortissement « BT » qui équipe, sur demande, les vérins hydrauliques des séries CTH et CBH, est un système de bagues d'amortissement percées d'une série de trous calibrés qui rend l'amortissement progressif.
Ce système d'amortissement permet de ralentir et d'arrêter des charges importantes en supprimant les chocs d'amortissement.
Il permet également de prolonger la durée de vie des organes mécaniques.

3 Fixations

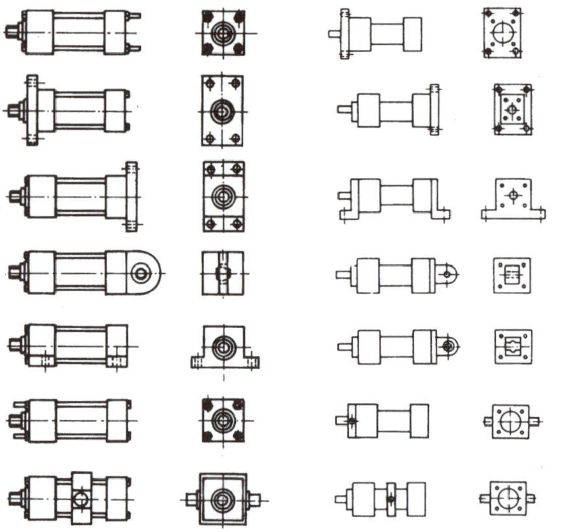

De nombreuses possibilités sont offertes par les constructeurs. Le vérin, suivant son utilisation, peut être monté fixe ou posséder certains degrés de liberté.

Fig. 4

Détermination de l'alésage d'un vérin standard

Pour déterminer l'alésage d'un vérin, il faut connaître :
- la force nécessaire théorique (rendement des vérins = 0,9);
- la course (longueur utile);
- la pression.

Méthode

1. Déterminer la force théorique.
2. Déterminer la section en appliquant la formule :

$$p = \frac{F}{S} \quad S = \frac{F}{p}$$

avec p en bars, F en daN, S en cm^2

3. Rechercher le diamètre normalisé le plus proche.
4. A partir de ce diamètre, recalculer la nouvelle pression pour obtenir cette force.

Exemple

Dans un système hydraulique, un vérin doit développer une force de 18 000 daN sous une pression de 170 bars. La course de 350 mm doit être obtenue en 7 secondes. Le rendement est de 0,9.
Déterminer les caractéristiques du vérin.

Solution :

1. Force théorique :

$$\frac{18\,000}{0,9} = 20\,000 \text{ daN.}$$

2. Section du vérin :

$$S = \frac{20\,000}{170} = 117,6 \text{ cm}^2 = \frac{F}{p}.$$

$$S = \frac{\pi \times D^2}{4} = 0,785\, D^2$$

$$D = \sqrt{\frac{S}{0,785}} = \frac{117,6}{0,785} = 12,23 \text{ cm} = 122 \text{ mm}$$

3. Le diamètre normalisé le plus proche est : 125 mm (voir tableau page 94).

4. Caractéristiques du vérin retenu :
- alésage : 125 mm. La section sera donc de : 122,72 cm^2;
- tige : 70 mm;
- pression nécessaire pour obtenir la force théorique :

$$p = \frac{F}{S} = \frac{20\,000}{122,7} = 162,97 \text{ bars} = 163 \text{ bars.}$$

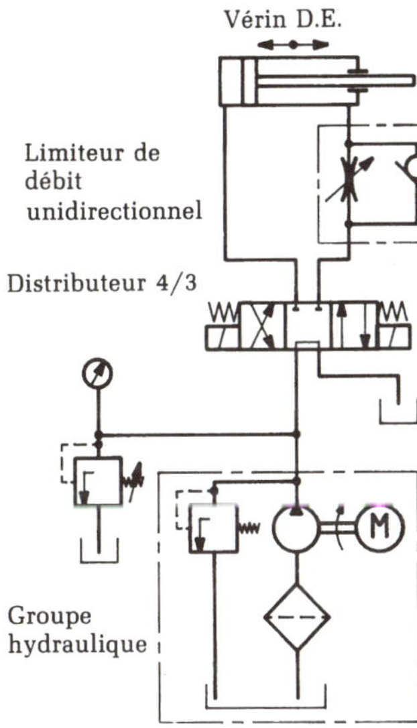

Fig. 5
1. Groupe de puissance
2. Distributeur 4/3 tandem. Commande électrique
3. Limiteur de pression
4. Régulateur de débit
5. Vérin double effet (à déterminer)

Conclusion :
Force : 18 000 daN.
Pression : 170 bars.
Caractéristiques du vérin :
— diamètre de l'alésage : 125 mm;
— diamètre de la tige : 70 mm.

17 LES VÉRINS SIMPLE EFFET (VSE)

1 Le vérin simple effet (VSE)

Rôle

Ce vérin a pour fonction de transformer l'énergie hydraulique en énergie mécanique. Son déplacement est linéaire. Sa particularité réside dans le fait qu'il est moteur uniquement dans un sens (soit en poussant, soit en tirant). Le retour se fait soit par ressorts soit par la charge.

Construction : principe

Le vérin S.E. se compose des éléments suivants :

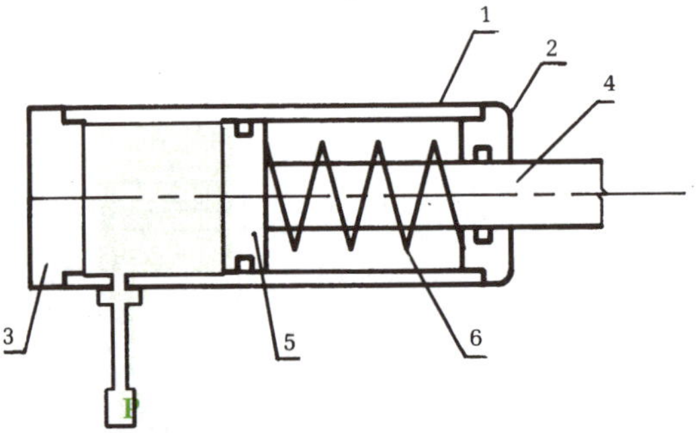

- le corps (1);
- un flasque avant avec joint (2);
- un flasque arrière avec joint (3);
- une tige de piston et un joint (4);
- un piston (5);
- un ressort (6).

Fig. 1.
Vérins S.E. à rappel ressort.

Description du fonctionnement

Dans ce type de vérin, l'huile sous pression arrive dans la chambre arrière, ce qui a pour effet de faire sortir la tige du vérin. Le rappel se fait après commutation de l'ordre sur le distributeur :
- soit par l'action d'une force extérieure (fonctionnement vertical);
- soit par l'action d'un ressort côté tige (fonctionnement dans toutes les positions).

Utilisations

Ce type de vérin est particulièrement adapté à certaines fonctions comme :
- le levage de pièces (chariot de manutention);
- le bridage de pièces.

Symbolisation
- A rappel par force non définie.
- A rappel par ressort.

Symbole détaillé — Symbole simplifié

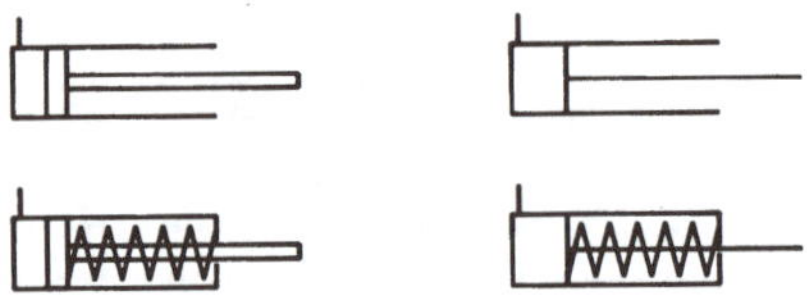

Fig. 2

2 Le vérin double effet (VDE)

Rôle

Comme le vérin simple effet, il transforme l'énergie hydraulique en énergie mécanique. La particularité du vérin double effet réside dans le fait qu'il est moteur dans les deux sens. Il peut donc travailler en poussant et en tirant.

Construction

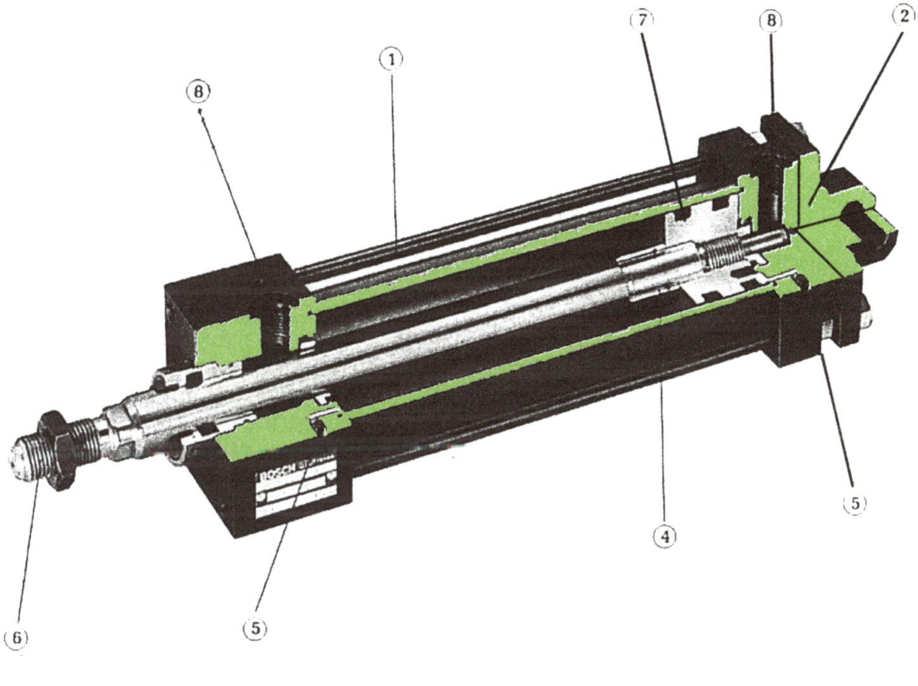

Fig. 3

1. C 80 vérin à tirants.
2. 12 fixations rapportées ou intégrées.
3. Amortissements avant et arrière réglables par vis-pointeau.
4. Bague d'amortissement flottante : meilleur démarrage, centrage parfait d'où meilleure durée de vie.
5. Purges en standard : nombreuses et facilement accessibles ; noyées dans les fonds.
6. Extrémité de tige : filetage procédé.
7. Suivant votre cas d'utilisation, différents types d'étanchéité possible.
8. Orifices : bride taraudée G-ISO 228 de série. Les fonds sont taraudés d'origine pour raccordement direct.

Description du fonctionnement : Principe

Fig. 4

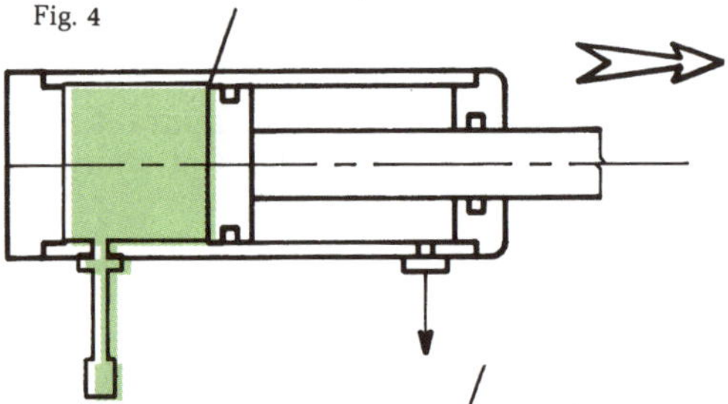

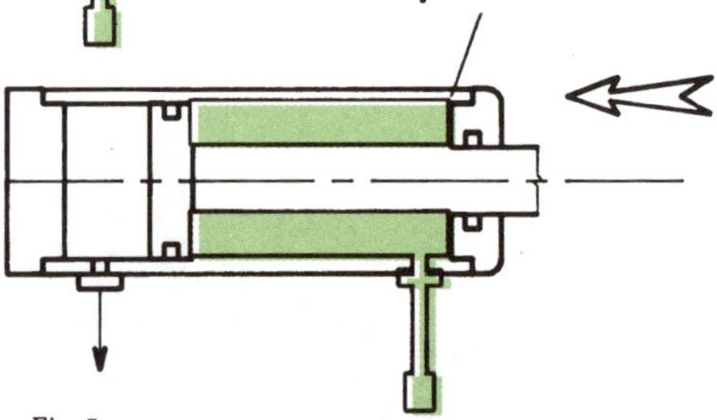

Fig. 5

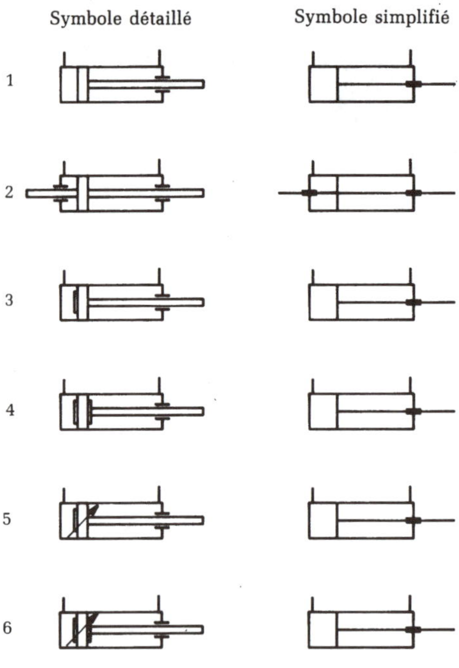

1. Sortie de tige
L'huile sous pression est envoyée dans la chambre arrière du vérin Sous l'action de cette force, la tige sort et la chambre avant se vide (l'huile, sans pression, est renvoyée au réservoir).

2. Rentrée de tige
L'ordre de commutation est donné sur le distributeur. Dans ce cas, l'huile sous pression est introduite dans la chambre avant du vérin. La force agit sur la face avant du piston, faisant rentrer la tige du vérin. La chambre arrière se vide et l'huile sans pression retourne au réservoir.

Utilisations

Ce type de vérin est utilisé chaque fois que l'on veut obtenir un mouvement de va-et-vient moteur dans les deux sens (engins de travaux publics, presses...).

Symbolisations

Vérins non amortis
1. Simple tige.
2. Double tige, transversal.

Vérins avec amortissements
3. Amortissement fixe à l'arrière.
4. Amortissements à l'avant et à l'arrière.
5. Amortissement réglable à l'arrière.
6. Amortissements réglables à l'avant et à l'arrière.

Vérification de la tige d'un vérin au flambage

Même avec une charge dans l'axe, une longue tige de vérin, chargée en bout, sera soumise à une flexion latérale.

Méthode de détermination (d'après abaque CPOAC)

1. Déterminer le facteur de course K sur le tableau (ce facteur dépend du mode de fixation du vérin).
2. Déterminer la longueur libre de flambage.
3. Déterminer la charge sur le vérin.
4. Déterminer sur l'abaque la longueur maximale de flambage.
5. Vérifier si le diamètre de tige convient.

Exemple

Sur un appareil servant au levage des palettes dans un entrepôt, le vérin central a les caractéristiques suivantes :

- diamètre du piston : 125 mm ;
- diamètre de la tige : 70 mm ;

Ce vérin a une fixation rigide par bride à l'avant et à l'arrière.

La charge maximale à lever est de 5 000 daN sur une hauteur de 3 m. Déterminer si la tige de diamètre 70 mm convient à ce genre de travail.

Solution :

1. Déterminer K sur le tableau page 92.

Bride arrière. Fixation rigide guidée avant : $K = 1$.

2. Longueur libre de flambage :

L = course × K soit : $L = 3 \times 1 = 3$ m

3. Sur l'abaque (page 91), déterminer la longueur maxi de flambage.

Explications concernant l'utilisation de l'abaque.

Sur le tableau, nous pouvons lire que pour une force de 5 000 daN, la course maximale est de 3,50 m. Sur notre appareil, la course maximale étant de 3 m, le vérin de diamètre 125, avec une tige de 70 mm, convient à ce genre de travail.

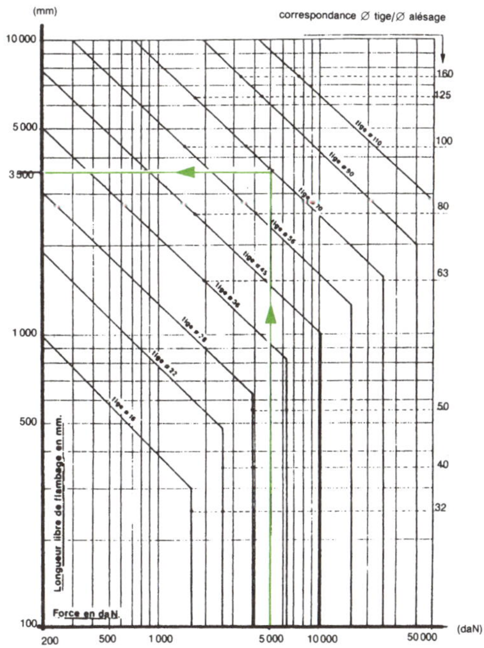

Fig. 6 Abaque pour détermination des tiges au flambage.

1 Le vérin différentiel

Le vérin différentiel a pour particularité d'avoir une section côté tige égale à la moitié de la section côté piston. C'est un vérin double effet.

Fig. 1

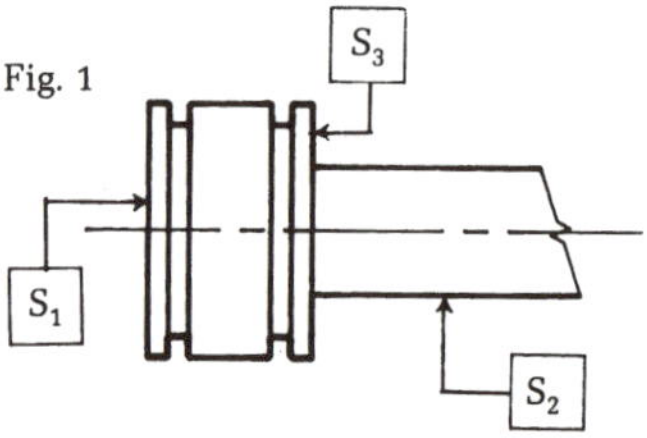

Comparaison des sections
S_1 est le double de S_3. Le volume de la chambre côté fond est donc le double de celui côté tige. La vitesse de rentrée de la tige sera deux fois plus élevée que la vitesse de sortie.

Pourquoi un montage avec vérin différentiel ?
Soit un vérin possédant les caractéristiques suivantes :
- alésage : diamètre 100 mm;
- tige : diamètre 70 mm.

Ce vérin est alimenté sous une pression de 120 bars par une pompe débitant 80 L/min.

Vérin différentiel en « montage normal »

- Section $S_1 = 3{,}14 \times (50)^2 = 7\,850\ mm^2 = 78{,}50\ cm^2$ (piston).
- Section $S_2 = 3{,}14 \times (35)^2 = 3\,846\ mm^2 = 38{,}46\ cm^2$ (tige).
- Section $S_3 = 78{,}50 - 38{,}46 = 40{,}04\ cm^2$.

Fig. 2. Montage normal

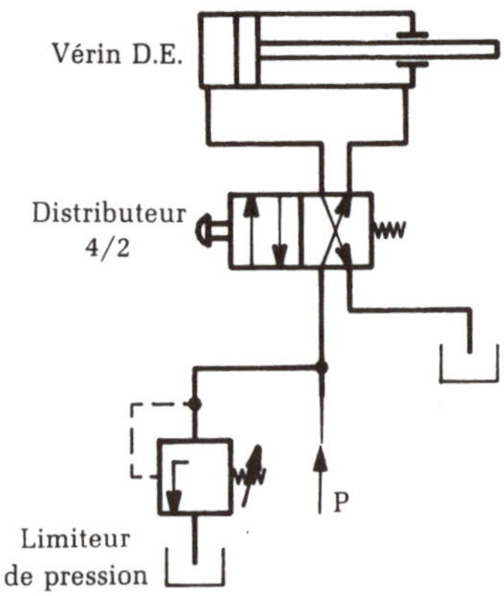

$$\text{Vitesse} = \frac{Q}{6 \times S} \quad \text{avec } Q \text{ en L/min, } S \text{ en cm}^2$$

$$\text{Vitesse de sortie : } \frac{80}{6 \times 78{,}5} = 0{,}16\ m/s$$

$$\text{Vitesse de rentrée : } \frac{80}{6 \times 40} = 0{,}33\ m/s$$

Force de poussée :
$F = 120 \times 78{,}5 = 9\,420$ daN
Force de rentrée :
$F = 120 \times 40 = 4\,800$ daN
Conclusion : la vitesse de rentrée est deux fois plus élevée que la vitesse de sortie. La force développée par le vérin varie dans les mêmes proportions.

Le chiffre 6 dans la relation de la vitesse provient d'une conversion d'unités.

Vérin différentiel en « montage différentiel »

Dans ce type de circuit, le débit de la chambre avant est envoyé dans la chambre arrière. Ce débit supplémentaire s'ajoute au débit de la pompe. Dans ce montage, le volume d'huile envoyé dans la chambre arrière correspond au volume occupé par le piston moins le volume occupé par la tige. Il reste à la pompe à compenser le volume tige, ce qui correspond à un demi-débit entrant dans la chambre arrière. L'autre demi-débit est fourni par la chambre avant. De ce fait, pour la chambre arrière, on a doublé le débit pompe.

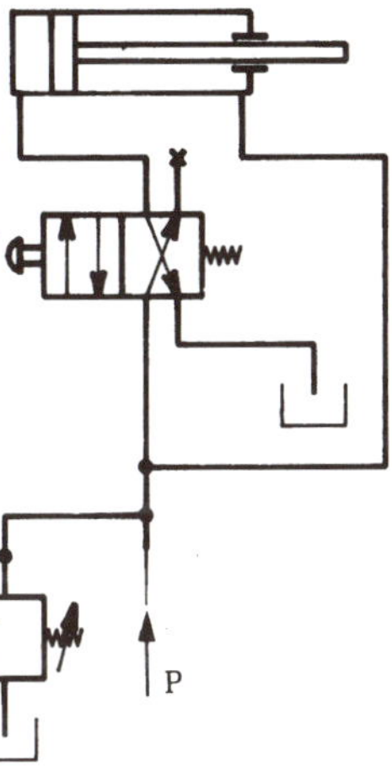

Fig. 3. « Montage différentiel »

Conséquences sur le fonctionnement

La course de sortie et la course de rentrée se font à la même vitesse. Les forces développées sur le vérin, à la sortie comme à la rentrée, sont les mêmes.

Reprenons le même vérin que dans l'exemple précédent :
- diamètre de l'alésage : 100 mm; section $S_1 = 78{,}50\ cm^2$;
- diamètre de la tige : 70 mm; section $S_2 = 38{,}46\ cm^2$.

Débit de la pompe : 80 L/min.
Pression : 120 bars.
Vitesse de sortie :
débit $Q = 2 . 80 = 160$ L/min.

$$v = \frac{160}{6 \times 78{,}50} = 0{,}33\ m/s$$

Vitesse de rentrée :

Vitesse de rentrée : $v = \dfrac{80}{6 \times 40} = 0{,}33\ m/s$

Conclusion :
Dans ce type de montage, nous constatons que les vitesses de rentrée et de sortie sont pratiquement identiques.

2 Le vérin télescopique

Le vérin télescopique permet d'obtenir une course importante tout en se logeant dans un encombrement relativement réduit. Ces vérins peuvent être simple effet. Dans ce cas, la rentrée du vérin s'effectue sous l'action de la charge. Il existe également des vérins télescopiques double effet.

Fonctionnement

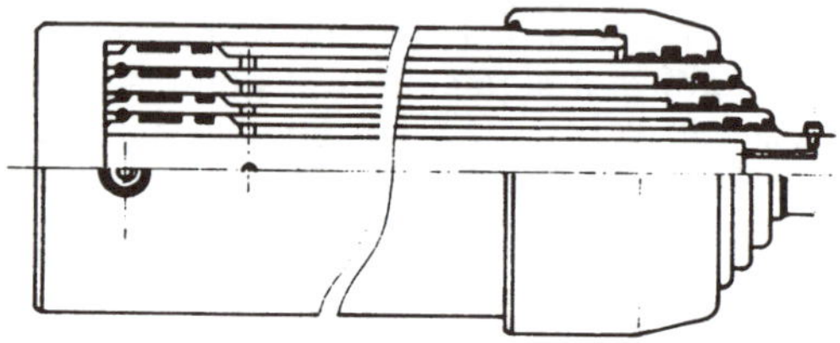

Fig. 4

Vérins télescopiques simple effet et double effet.
Pression de service : 150 bars; pression statique maximale : 210 bars; pression d'épreuve unitaire : 240 bars.
Diamètres des expansions : 30, 50, 70, 90, 110, 130, 160, 190, 220, 250 (autres ∅ sur demande).
Course maximale par expansion : 600 mm (course totale suivant nombre des expansions).

Ces vérins sont constitués de plusieurs pistons se logeant les uns dans les autres. Lorsque la commande est actionnée, le piston le plus gros sort le premier. Lorsqu'il est arrivé en fin de course, celui immédiatement au-dessus sort le deuxième; puis c'est au tour du troisième... Quand on commande la rentrée des tiges, la petite section rentre la première, puis c'est la deuxième et enfin la troisième.

Utilisation
Ces vérins sont utilisés sur les bennes de camion, les engins de travaux publics, etc.

Symbolisation
Vérin différentiel

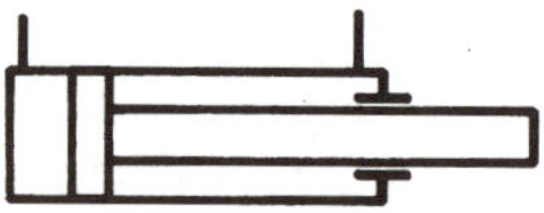

Fig. 5

Vérin télescopique

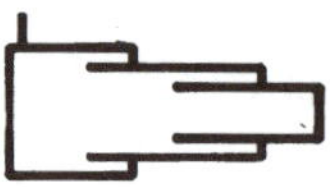

Fig. 6a
Vérin télescopique simple effet

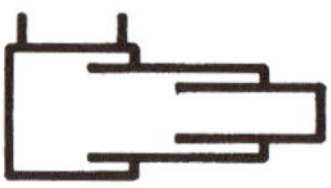

Fig. 6b
Vérin télescopique double effet

3 Le vérin rotatif

Le principe de ce vérin consiste à transformer le mouvement rectiligne d'un piston en un mouvement rotatif autour d'un axe.

Symbole

Fig. 7
Vérin rotatif.

Détermination des caractéristiques d'un vérin

Sur un système hydraulique, le cahier des charges indique que le vérin utilisé aura à développer une force de 12 000 daN. La longueur de la course sera de 1 m. La pompe possède un débit de 80 L/min.
Rendement du vérin : 0,9 - Pression : 120 bars
Déterminer les caractéristiques du vérin.

Solution :
Force théorique du vérin à prévoir :

$$F = \frac{12\,000}{0,9} = 13\,300 \text{ daN}$$

Section du vérin :

$$p = \frac{F}{S}$$

$$S = \frac{F}{p} = \frac{13\,300}{120} = 111 \text{ cm}^2$$

Diamètre du vérin :

$$D = \sqrt{\frac{111}{0,785}} = 11,89 \text{ cm} = 118,90 \text{ mm}$$

Le diamètre le plus proche correspond à un alésage de 125 mm pour une section de 122,72 cm². Avec ce vérin, on a le choix entre deux diamètres de tige : 70 ou 90 mm. Pour faire ce choix, il convient de vérifier la tige au flambage. La fixation étant du type « tourillon intermédiaire avec articulation guidée », on détermine sur le tableau (page 92) $K = 1,5$.

Longueur libre de flambage :

$1,00 \times 1,5 = 1,5$ m

Vérification sur l'abaque : (tableau page 91).
Cet abaque nous donne pour une force de 13 300 daN, avec une tige de vérin de diamètre 70 mm et une longueur maximale de 2,20 m. La tige de diamètre 70 mm convient donc sans problème puisque notre course est évaluée à 1 m.

Nouvelle pression à prévoir :

$$p = \frac{13\,300}{122,72} = 108,3 \text{ bars}$$

Détermination des vitesses de rentrée et de sortie

$$v = \frac{Q}{6 \times S}$$

Section du piston : $S_1 = 122,72$ cm²
Section de la tige : $S_2 = 38,46$ cm²
Section annulaire : $S_3 = 84,26$ cm²
Vitesse de sortie :

$$v = \frac{80}{6 \times 122,72} = 0,10 \text{ m/s}$$

Vitesse de rentrée :

$$v = \frac{80}{6 \times 84,26} = 0,15 \text{ m/s}$$

Puissance nécessaire à l'entraînement de la pompe

$$P = \frac{Q \times P}{600 \times \eta} = \frac{80 \times 108,3}{600 \times 0,8} = 18,05 \text{ kW}$$

Puissance absorbée par la pompe = puissance utile du moteur.
La puissance à prévoir sur le moteur pour un rendement = 0,8 sera :

$$\frac{\text{Puissance utile du moteur}}{\text{Rendement}} = \frac{18,05}{0,8} = 22,56 \text{ kW}$$

19 LES MOTEURS HYDRAULIQUES

Dans ce type d'actionneur, l'énergie hydraulique fournie par un fluide sous pression est transformée en énergie mécanique. Il en résulte un mouvement de rotation sur l'arbre de sortie.
Les moteurs hydrauliques présentent deux caractéristiques : le couple moteur et la vitesse de rotation.

Remarque :
Ces moteurs entraînent des systèmes mécaniques. Si le couple résistant devient trop important, la pression monte. Quand elle atteint la valeur de réglage du limiteur de pression, le débit retourne au réservoir.

1 Réglage de la vitesse

Pour régler la vitesse de rotation des moteurs, il suffit d'agir sur le débit par :
- une pompe à débit réglable ;
- un limiteur de débit.

Remarque :
La plupart des moteurs sont prévus pour tourner dans les deux sens. Pour inverser le sens de rotation, il suffit d'inverser l'alimentation avec le retour au réservoir.

2 Les types de moteurs

Les moteurs sont classés en deux familles.

Les moteurs rapides
- moteurs à palettes ;
- moteurs à engrenages ;
- moteurs à pistons axiaux ;
- moteurs à pistons radiaux.

Les moteurs lents (cylindrée élevée)

Fig. 1

Moteur à engrenages.

1. Pignons
2. Paliers
3. Corps en aluminium filé
4. Couvercles en fonte
5. Joint d'arbre
6. Joint délimitant le champ de compensation axial.

3 Principes de fonctionnement de moteur à engrenages

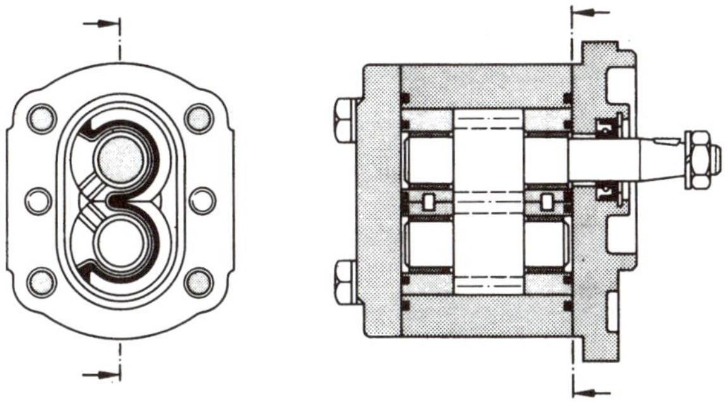

Fig. 2

Moteur à un sens de rotation.
Le principe de refoulement des pompes à engrenages est réversible.
Le fait d'alimenter une telle unité avec de l'huile sous pression permet de capter un mouvement de rotation sur l'arbre sortant d'un des deux pignons. Dans la pratique, il faut toutefois tenir compte de certaines particularités.
Les pompes à engrenages sont réalisées de façon asymétriques, c'est-à-dire les côtés haute et basse pression sont prédéterminés.
En utilisation moteur, le côté haute pression est à respecter et, de ce fait, une inversion du sens de rotation n'est pas possible. Le sens de rotation en pompe est donc inverse de celui du fonctionnement en moteur.
Pour obtenir les performances et un bon rendement, les moteurs subissent un cycle de rodage spécialement étudié en fin de fabrication. De ce fait, il n'est pas possible d'utiliser des pompes en moteur et vice versa, sans perte de rendement.
L'huile des fuites est ramenée de façon interne vers la sortie. La mise sous pression du circuit de retour d'huile est donc limitée aux possibilités du joint d'arbre.

4 Caractéristiques des moteurs hydrauliques

Grandeurs	**Vitesse de rotation (tr/min)**		**Pression maxi**	**Rendement**	
Type	*Mini*	*Maxi*	*en bars*		
Moteur à palettes	100	3 500	170	0,85	
Moteur à engrenages	400	2 500	170	0,8	
Moteur à pistons radiaux	quelques tours	500	200	0,9	1 course/tour
	5	800	200	0,85	plusieurs courses/tour
Moteur à pistons axiaux	50	3 500	400	0,95	plateau incliné
	50	3 500	250	0,9	barillet incliné

5 Symbolisation

- Moteur à un sens de rotation
- Moteur à deux sens de rotation

Fig. 3

Moteur à un sens de rotation — Moteur à deux sens de rotation

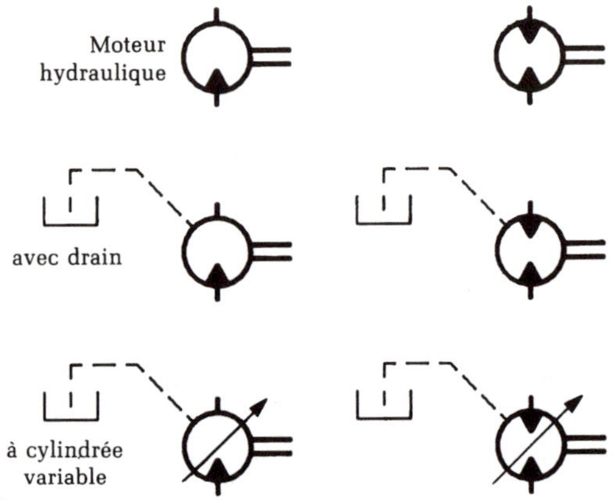

6 Caractéristique particulière propre aux moteurs hydrauliques

La cylindrée

Elle se détermine en cm^3/tour ou en litre par tour (L/tr).
La cylindrée correspond au volume engendré par tour.

$Cyl = \frac{Q}{N}$ avec : *Cyl* en litre/tour

Q = débit en litre/minute(L/min)
N = vitesse de rotation en tour/minute(tr/min)

Calcul sur les moteurs hydrauliques

- Couple théorique : en mN

$C = 15{,}9 \times Cyl \times \Delta p$

- Couple réel (tient compte du rendement) :

$C = 15{,}9 \times Cyl \times \Delta p \times \eta$

- Débit :

$Q = Cyl \times N$

avec Cyl = cylindrée, en litres
Q = débit, en L/min

- Cylindrée :

$$Cyl = \frac{\text{couple}}{15{,}9 \times p \times \eta}$$

P = puissance, en kW
n = vitesse de rotation, en tr/min

- Puissance :

$$P = \frac{Q \times p \times \eta}{600}$$

p = pression, en bars
n = rendement

Exemple

Le moteur hydraulique d'une machine doit fournir un couple de 70 mdaN. La pression dans le système est de 80 bars et la vitesse de rotation de 200 tr/min. Le rendement est de 0,9.
Calculer la cylindrée.

$$Cyl = \frac{\text{couple}}{15{,}9 \times p \times \eta} = \frac{700}{15{,}9 \times 80 \times 0{,}9} = 0{,}52 \text{ L}$$

Sur le catalogue constructeur, un moteur de cylindrée 0,5 litre pourrait convenir à ce genre de travail. Sa cylindrée réelle est 0,492 et son rendement volumique de 0,95.
Calculer le débit absorbé par ce moteur.

$$Q = \frac{Cyl \times N}{\eta \text{ vol}} = \frac{0{,}492 \times 200}{0{,}95} = 103{,}5 \text{ L/min}$$

Vérifier le calcul sur l'abaque page 107.

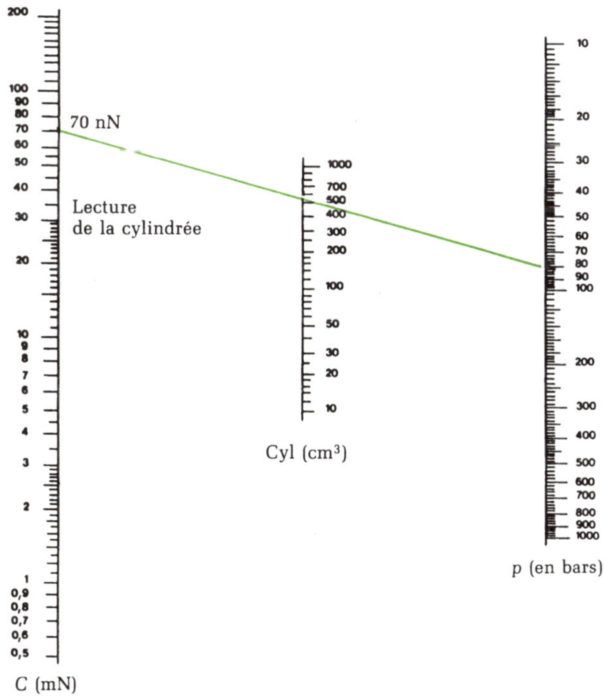

Détermination caractéristique : couple-cylindrée-pression

20 LES ACCUMULATEURS

Les accumulateurs sont des appareils entrant dans la constitution des systèmes hydrauliques. Ils servent à emmagasiner une réserve d'énergie.

1 Applications

Les accumulateurs hydrauliques peuvent assurer des fonctions variées et en particulier :

- le stockage d'énergie permettant d'économiser la puissance des pompes dans les installations à fonctionnement intermittent;
- une réserve d'énergie (en secours) pouvant intervenir lors d'une panne de la pompe ou d'une baisse de pression dans le circuit, ainsi que la compensation des fuites.

2 Constitution d'un accumulateur

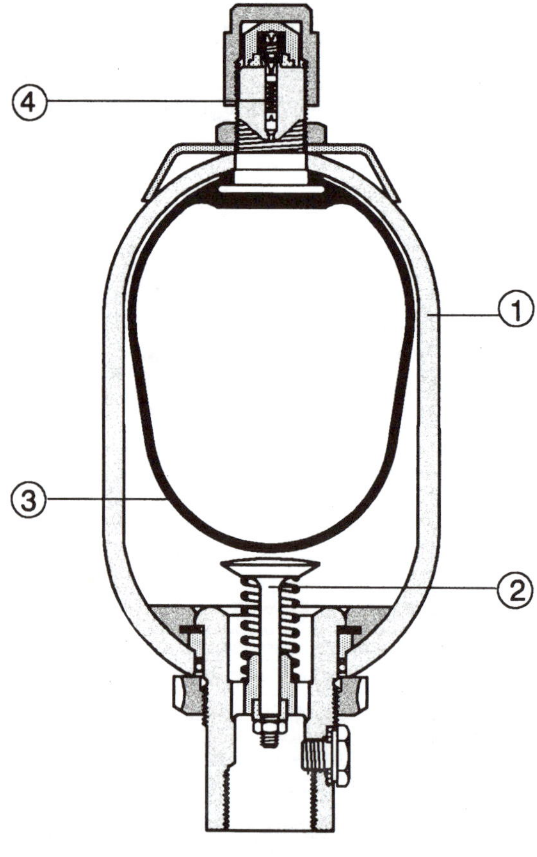

Fig. 1

Accumulateur hydraulique.
1. Corps
2. Soupape d'huile
3. Vessie
4. Valve de gonflage

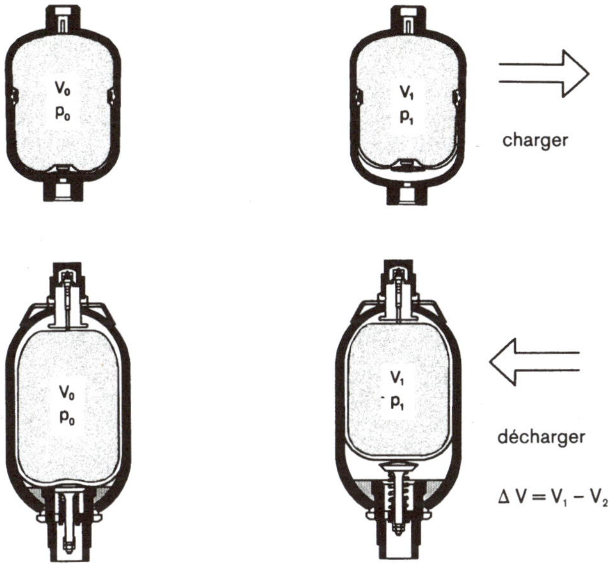

Fig. 2. Accumulateur à vessie

Fonctionnement

Dans les circuits hydrauliques, le fluide ne peut être comprimé. Afin de sauvegarder une réserve d'énergie sous pression, on se sert d'un gaz. Ce gaz (azote) est comprimé dans un réservoir par le fluide hydraulique. En cas de besoin, le gaz se détend pour restituer dans le circuit le fluide sous pression. Le gaz et le fluide ne sont pas en contact. Ces deux éléments sont séparés dans deux chambres par une paroi élastique. Selon la paroi, il existe deux catégories d'accumulateurs : à vessie et à membrane.

Montage

Les accumulateurs à vessie sont montés en principe verticalement (valve à huile vers le bas). Les accumulateurs à membrane sont montés indifféremment. Toutefois, la fixation doit être robuste et l'emplacement facile d'accès.

3 Travaux sur les installations

Les installations équipées d'accumulateurs permettent l'exécution de mouvements, pendant un temps déterminé, lorsque la pompe est arrêtée, grâce au fluide sous pression emmagasiné dans la capacité. Lors d'une intervention, il convient de décharger hydrauliquement l'accumulateur. A cet effet, il est impératif de prévoir des blocs de sécurité avec valve de décharge à commande électromagnétique.

«Avant toute intervention sur une installation hydraulique possédant un accumulateur, il faut obligatoirement décharger hydrauliquement l'installation».
En aucun cas il ne faut effectuer des travaux de soudure ou des travaux mécaniques sur les accumulateurs. Il est donc recommandé, en cas de réparation, de s'adresser à des ateliers spécialisés ou des agents agréés de la marque.

Fréquence des contrôles
Après la mise en service de l'installation, il convient de vérifier la pression de gonflage dans la première semaine d'utilisation. Si cette vérification ne révèle pas de perte de gaz, une seconde vérification pourra intervenir dans un délai de trois mois. Si celle-ci est également correcte, il sera possible ensuite de passer à un contrôle annuel.

Remarque importante
Le gaz de gonflage de l'accumulateur est de l'azote. En aucun cas de l'air ou un autre gaz ne doivent être utilisés (risque d'explosion).

4 Les courbes de calcul

Pour la détermination des accumulateurs, l'utilisation d'abaques est possible (simplification des calculs). Ces courbes permettent de calculer le volume d'huile, la taille de l'accumulateur ou les pressions.
Nous utiliserons quatre types de courbes :
En cas de transformation isothermique de l'état du gaz.
La transformation du volume de gaz s'opère assez lentement; il reste de ce fait assez de temps pour que l'échange thermique entre l'azote et son milieu ambiant s'effectue entièrement.
En cas de transformation adiabatique de l'état du gaz.
La transformation rapide du volume de gaz provoque un changement de température de l'azote (voir courbes en fin de manuel).
1. Transformations adiabatiques : $p_0 = 1$ à 90 bars.
2. Transformations adiabatiques : $p_0 = 100$ à 300 bars.
3. Transformations isothermiques : $p_0 = 1$ à 90 bars.
4. Transformations isothermiques : $p_0 = 100$ à 300 bars
voir chapitre 23 pages 102,103,104,105.

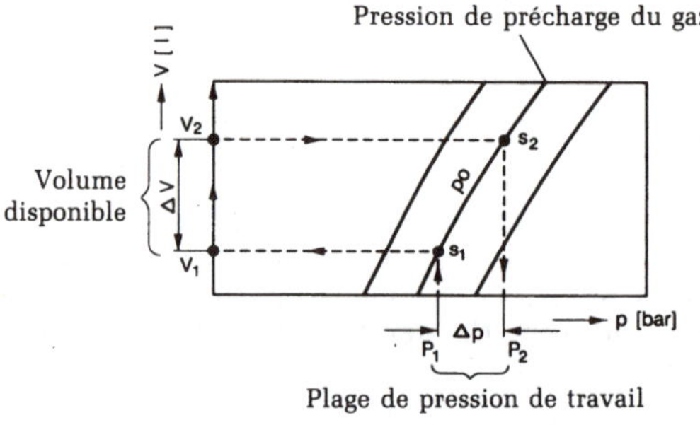

Fig. 3. Utilisation des abaques

Abaques
Selon la position des différents paramètres, il est possible de déterminer le volume d'huile disponible, la taille de l'accumulateur ou les pressions.

Détermination d'un accumulateur hydraulique

Un vérin effectue toutes les vingt secondes un aller et un retour en deux secondes. La force demandée pour effectuer le travail est de 10 000 daN. Les caractéristiques du vérin sont les suivantes :
- diamètre de l'alésage : 125 mm;
- diamètre de la tige : 70 mm.

La course est de 200 mm. Vitesse : 200 mm/s.
Déterminer la taille de l'accumulateur hydraulique.

Solution :
Pression à prendre en compte dans les calculs p_0
p_1 → Pression initiale de gonflage en azote $p_1 \approx 0,9\ p_2$
p_2 → Pression hydraulique minimale à appliquer $p_2 = \frac{F}{S}$
p_3 → Pression maximale emmagasinée.

Section du piston :
$S_1 = 3,14 \times (62,5)^2 = 12\,265\ \text{mm}^2 = 122,65\ \text{cm}^2$

Section de la tige :
$S_2 = 3,14 \times (35)^2 = 3\,846\ \text{mm}^2 = 38,46\ \text{cm}^2$

Section annulaire :
$S_3 = S_1 - S_2 = 122,65 - 38,46 = 84,19\ \text{cm}^2$

Volume du vérin côté piston :
$122,65 \times 20 = 2\,453\ \text{cm}^2 = 2,4\ \text{L}$
Volume du vérin côté tige :
$84,19 \times 20 = 1\,684\ \text{cm}^2 = 1,6\ \text{L}$
Volume total du vérin :
$2,4\ \text{L} + 1,6\ \text{L} = 4,0$
Débit moyen consommé pendant un cycle $t = 20$ secondes

(aller + retour) $= \frac{4}{20} . 60 = 12\ \text{L}$

Pression à appliquer pour développer la force F 10 000 daN

$$p_2 = \frac{F}{S} = \frac{10\,000}{122 \times 65} = 81,5\ \text{bars}$$

— Le volume a restituer par l'accumulateur est :

$$\Delta v = 4\ \text{L}$$

— Volume nominal de l'accumulateur

$$V_1 = 2 \times \Delta v \quad V_1 = 2 \times 4 = 8\ \text{L}$$

Dans la gamme de fabrication des accumulateurs, les capacités suivantes sont disponibles :

1 L, 4 L, 10 L, 20 L, 35 L, 50 L

Choix effectué : 10 litres.
Pression initiale de gonflage en azote :

$p_1 = 0,9 \times p_2$
$p_1 = 0,9 \times 81,4 = 73,2\ \text{bars} = 70\ \text{bars}.$

Interprétation de la courbe :
1) Sélectionner $p_1 = 70$ bars.
2) Sélectionner $p_2 = 81,5$ bars
3) Projeter p_2 sur p_1
4) Déterminer le Δv
5) Déterminer ensuite la pression maximale p_3

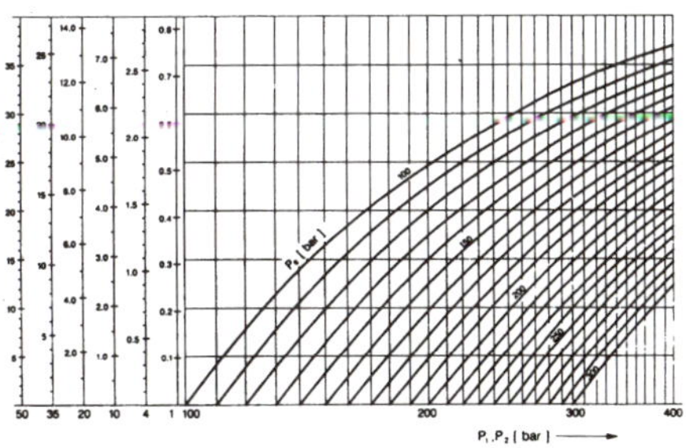

Fig. 4

Remarques
D'après la courbe de gonflage, on relève que l'accumulateur a emmagasiné entre la pression maximale $p_3 = 180$ bars et la pression minimale p_2 70 bars le volume utile $\Delta v = 4$ litres.

LE RÉGLAGE DU DÉBIT

Dans les systèmes hydrauliques, les actionneurs sont choisis en fonction du travail qu'ils ont à effectuer. Ils ont de ce fait à répondre à deux critères importants qui sont :
- la force F et la vitesse de translation pour les vérins;
- le couple C et la vitesse de rotation pour les moteurs hydrauliques.

Rappel

- vérins : $F = p \times S$ avec : F en daN
- moteurs : $C = 15{,}9 \times Cyl \times \Delta p$

avec : F en daN ; p en bar ; S en cm^2 ; Cyl en L ; C en mN

Sur les installations hydrauliques il faut également prévoir le réglage de la vitesse de rotation ou de translation de l'actionneur.
Pour effectuer ce réglage, il faut agir sur le débit d'huile entrant dans l'actionneur. Cette variation de débit est obtenue sur le principe de la variation de section.

1 Le limiteur de débit

Le rôle de ce composant est de faire varier la section dans laquelle le fluide circule.
Il existe des limiteurs de débit :
- **simple** : le réglage est possible dans les deux sens;

Fig. 1

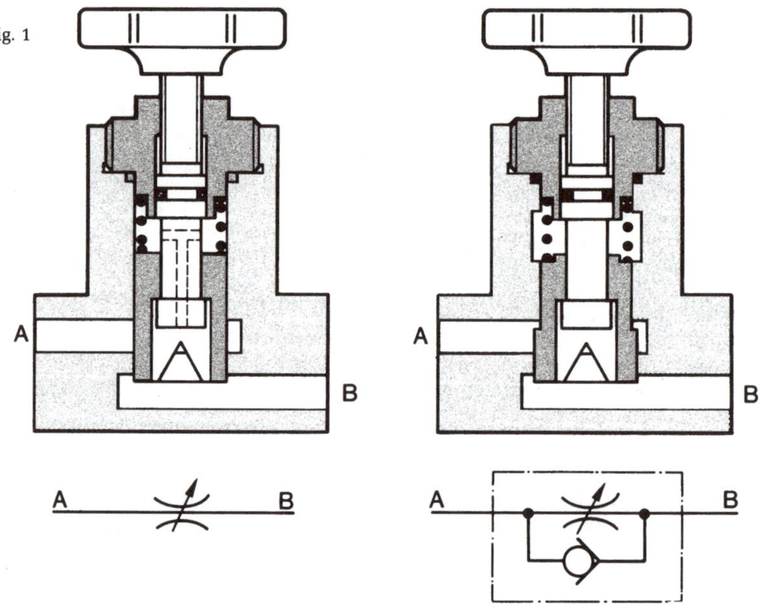

- avec **clapet anti-retour :** le réglage est possible uniquement dans un sens. Un réglage séparé doit être prévu pour les vérins D.E. ou les moteurs hydrauliques travaillant dans les deux sens.
Toute variation de pression dans un circuit engendre des variations de débit. Il en résulte des variations de vitesses au niveau des actionneurs. De part son principe de fonctionnement, cet appareil n'est pas fidèle. Il est utilisé dans des installations ne demandant pas une grande précision dans les déplacements.
Si le mécanisme impose une vitesse constante, il faut que le débit soit lui-même constant.
Le composant utilisé est :

Le régulateur de débit
Son principe de fonctionnement est basé sur :
- un étranglement réglable qui permet d'ajuster le débit en fonction de la vitesse;
- un tiroir qui a pour fonction de compenser toute variation de charge du récepteur et permet de maintenir une différence de pression p constante de part et d'autre de l'étranglement.

Fig. 2

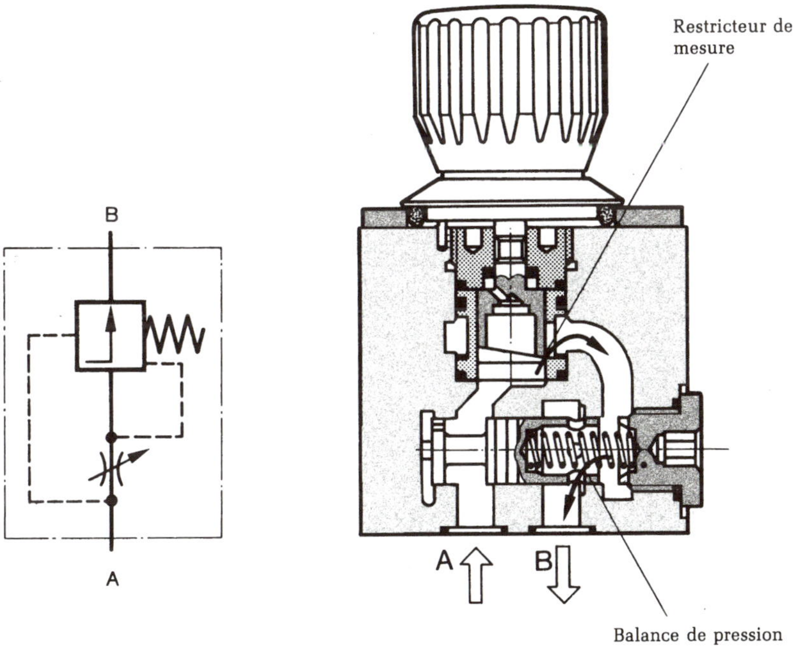

2 Les principes de réglage de la vitesse

Le réglage de la vitesse sur un actionneur hydraulique peut s'effectuer suivant trois principes en agissant sur le débit :
- réglage sur l'entrée ;
- réglage en sortie ;
- réglage par soustraction de débit.

Réglage sur l'entrée de l'actionneur

Ce dispositif de réglage ne trouve son application que si la charge freine de façon régulière le piston. Si la charge peut devenir motrice, ce principe de régulation ne peut être employé car rien, dans ce cas, ne retiendrait le piston.

Réglage en sortie de l'actionneur

Ce dispositif, quant à lui, peut être utilisé dans tous les cas de régulation de vitesse, même si la charge peut devenir motrice. Dans ce cas, le piston est maintenu entre deux volumes d'huile sous pression.

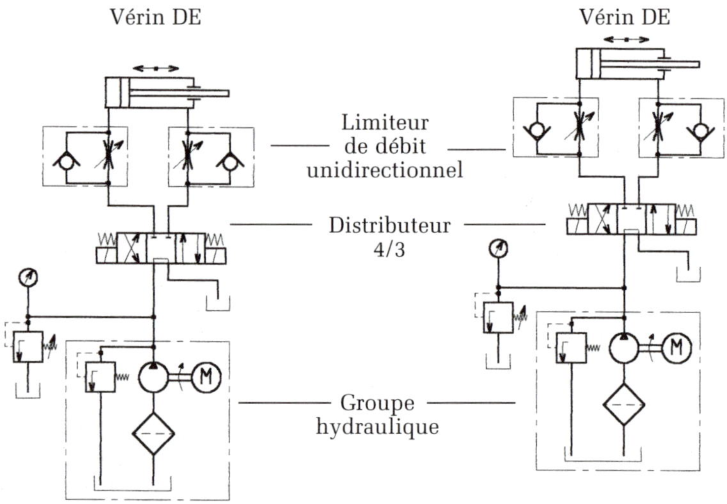

Réglage sur l'entrée — Réglage en sortie

Fig. 11

Dans les deux cas, la soupape de sécurité du groupe générateur de puissance retourne l'excédent de débit du réservoir.

3 Réglage de vitesse sur un moteur hydraulique

Comme dans le cas précédent, le réglage de la vitesse de rotation d'un moteur hydraulique se fait en agissant sur le débit d'huile utilisé.
Pour régler ce débit, il est possible d'utiliser :

Une pompe à débit réglable : dans ce cas, le moteur seul doit être alimenté par la pompe.

Un limiteur de débit : dans ce cas le montage, comme précédemment, peut s'effectuer de deux façons.

Réglage sur l'entrée du moteur	Réglage en sortie du moteur
Ce dispositif ne peut être utilisé seul, si le couple résistant risque de devenir moteur.	Ce dispositif, quant à lui, peut être utilisé dans tous les cas, même si le couple résistant devient moteur.

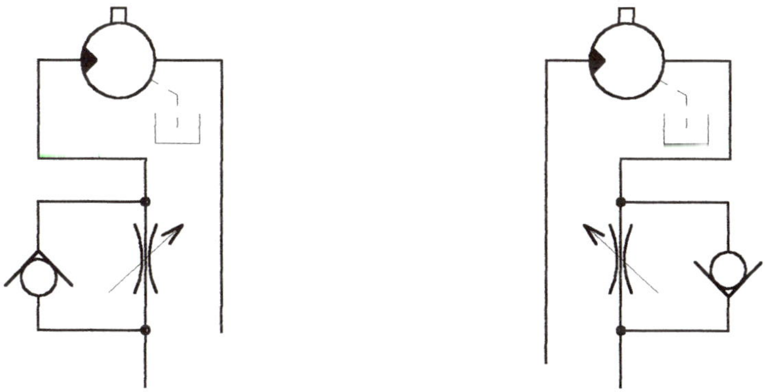

Réglage sur l'entrée

Réglage en sortie

Fig. 12

22 LES TUYAUTERIES - LES RACCORDS

Sur un système hydraulique, les composants sont reliés entre eux par des tuyauteries munies de raccords. Il existe deux sortes de tuyauteries entrant dans la constitution des systèmes hydrauliques.

Les tuyauteries souples
Elles sont destinées aux systèmes comportant des éléments mobiles, comme les engins de travaux publics, les élévateurs, etc. Elles sont en caoutchouc synthétique avec, à l'intérieur, une armature métallique.

Les tuyauteries rigides
Ces tuyauteries sont destinées aux systèmes fixes, comme les presses, les machines-outils, etc. Elles sont en acier, en cuivre ou en alliage d'aluminium.

1 Les tuyauteries souples

Ces tuyauteries sont constituées d'un fourreau intérieur en caoutchouc, d'une tresse en fil d'acier, d'une enveloppe extérieure en caoutchouc.

Détermination d'un flexible
Dans ce choix, il faut tenir compte de certains critères comme :
- la gamme de pression;
- basse pression : tresses textiles ($p < 100$ bars);
  - moyenne pression : une tresse métallique avec tresses textiles ($100 < p < 215$ bars);
  - haute pression : plusieurs tresses métalliques avec tresses textiles ($p > 215$ bars);
- la nature du fluide;
- l'embout qui sera monté pour le raccordement. Il peut être à visser ou à sertir sur le tuyau;
- le diamètre intérieur.

2 Les tuyauteries rigides

La nature du métal constituant les tuyauteries rigides dépend de la pression régnant dans l'installation ainsi que de la nature du fluide hydraulique utilisé. Dans la gamme basse pression, les tuyauteries sont réalisées en cuivre ou en alliage d'aluminium.
Dans la gamme moyenne et haute pression, les tubes sont en acier A 37 étiré à froid.

Stockage des tubes
Après huilage, les extrémités des tubes sont bouchées avec des embouts.

Fixation des tubes
Cette fixation se fait sur le bâti des machines au moyen de colliers. L'espacement à prévoir peut varier de 0,60 m à 1,30 m.

3 Règles à respecter pour le montage des tuyauteries souples

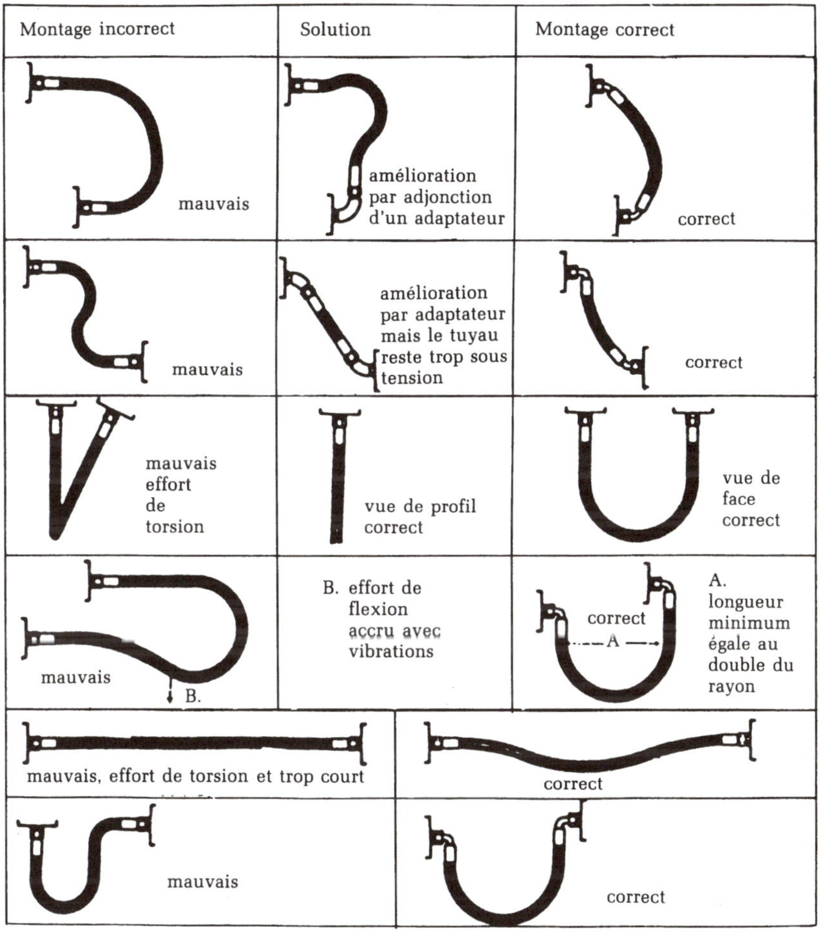

Lors de la détermination des dimensions et du montage, on doit veiller essentiellement à ce que :

a) les efforts latéraux sur les raccords soient évités, en utilisant le cas échéant, des ressorts de protection;

b) les rayons de courbure minimum soient respectés;

c) les tuyaux flexibles ne soient pas soumis à des efforts de traction;

d) les tuyaux flexibles ne soient pas soumis à des efforts de torsion (ne pas tordre le tuyau lors du montage).

4 Rayon de cintrage ou de courbure

Tube acier : quatre fois le diamètre extérieur du tube.
Flexibles : douze fois le diamètre intérieur.

5 Les raccords

Leur rôle est d'assurer une liaison démontable entre les composants. Leurs extrémités sont terminées par un filetage qui vient se visser dans le composant.
Il existe deux types de filetage :
- Profil ISO : ce filetage cylindrique n'est pas étanche. L'étanchéité est obtenue par un joint.
- Profil WHITWORTH : avec ce type de profil, le taraudage est cylindrique et le filetage peut être cylindrique ou conique.
Gaz cylindrique : l'étanchéité est assurée par un joint.
Gaz conique : l'étanchéité est assurée par la pénétration cylindre/cône.
Lorsque la pression est importante, le raccordement par bride est recommandé. Le montage est délicat. Les tubes doivent être bien en ligne, les brides parallèles et la préparation des tubes soignée. L'étanchéité est obtenue par un joint.

6 Exemple de tuyauterie haute pression

2 TRESSES ACIER SAE 100 R 2/A

Structure
Couche intérieure
Caoutchouc synthétique extrudé sans discontinuités – épaisseur uniforme.
Renfort
Deux tresses en fil d'acier traité haute résistance.
Couche extérieure
Caoutchouc synthétique anti-abrasion, résistant aux huiles, carburants et agents atmosphériques.

Applications
Pour fluides hydrauliques, mazout, essence, etc.

Température d'emploi
Da -40 °C à +100 °C (pointes jusqu'à 120 °C).

Structure du tuyau flexible suivant normes SAE 100 R 2/A.

Document Euromat

Référence	∅ intérieurs mini en mm	en pouce	∅ext. maxi	P. service maxi	P. éclatement mini
FL2 ∅ 6	6,2	1/4	18,3	345	1 380
FL2 ∅ 8	7,7	5/16	19,8	295	1 180
FL2 ∅ 10	9,3	3/8	22,2	275	1 100
FL2 ∅ 13	12,3	1/2	25,4	240	960
FL2 ∅ 16	15,5	5/8	28,6	190	760
FL2 ∅ 19	18,6	3/4	32,6	155	620
FL2 ∅ 25	25	1"	40,9	140	560
FL2 ∅ 32	31,4	1"1/4	52,4	110	440

1 Détermination de la section d'un tube

Pour déterminer le diamètre d'un tube plusieurs facteurs sont à considérer comme :
- la pression maximale à l'intérieur du système (épaisseur du tube);
- le débit de fluide (diamètre intérieur du tube).

Épaisseur du tube : cette épaisseur dépend de la pression d'éclatement. Pour la déterminer, il faut multiplier la pression de service par un coefficient dont la valeur est comprise entre 4 et 6.

p éclt = $p \times 4$ ou $p \times 6$

L'épaisseur du tube peut être ensuite déterminée par calcul ou sur les abaques prévus à cet effet.

Diamètre intérieur : à partir de la formule du débit $Q = s \times v$, on détermine : $S = \frac{Q}{v}$

$S = \frac{10Q}{v}$ avec Q en L/s
v en m/s
S en cm²

La vitesse de circulation du fluide à l'intérieur des conduites peut avoir comme valeur 4 à 6 m/s dans les conduites de pression, ou 2 m/s dans les conduites de retour.

Exemple : Dans une conduite pression servant à l'alimentation d'un vérin sur un système hydraulique, le débit est de 60 L/min sous une pression de 140 bars. La vitesse de circulation du fluide est de 5 m/s.
Coefficient = 6

Solution :

Débit calculé en seconde : $Q = 1$ L/s
Section de la conduite :

$$S = \frac{10 \times 1}{5} = 2 \text{ cm}^2$$

Diamètre de la conduite :

$$d = \sqrt{\frac{2}{0{,}785}} = 1{,}6 \text{ cm} = 16 \text{ mm}$$

Pression d'éclatement :

p éclt = 140 × 6 = 840 bars

Choix du tube

Sur l'abaque, nous trouvons, pour un diamètre de 16 mm et une pression de 840 bars, une épaisseur de tube égale à 1,8 mm.

Le diamètre extérieur sera donc égal à : 16 + (2 × 1,8) = 19,6 mm (détermination sur abaque page 111).

Le tube standard retenu sera : 20 × 1,5 (tableau page 110)

2 Vérification des résultats par le calcul

Données : débit = 60 L/min
vitesse = 5 m/s

Méthode : joindre les deux points (ligne débit et ligne vitesse); lire le résultat (diamètre int. du tuyau) ligne du milieu.

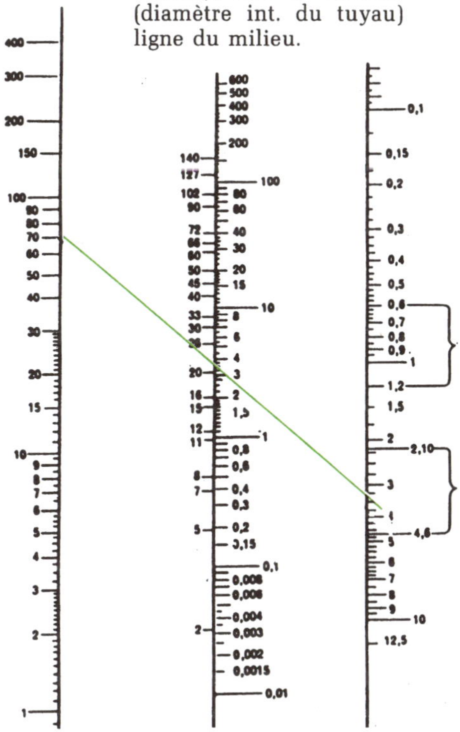

Abaque page 108

1 Les vérins

Diagramme des débits utiles en fonction de la vitesse et de l'alésage

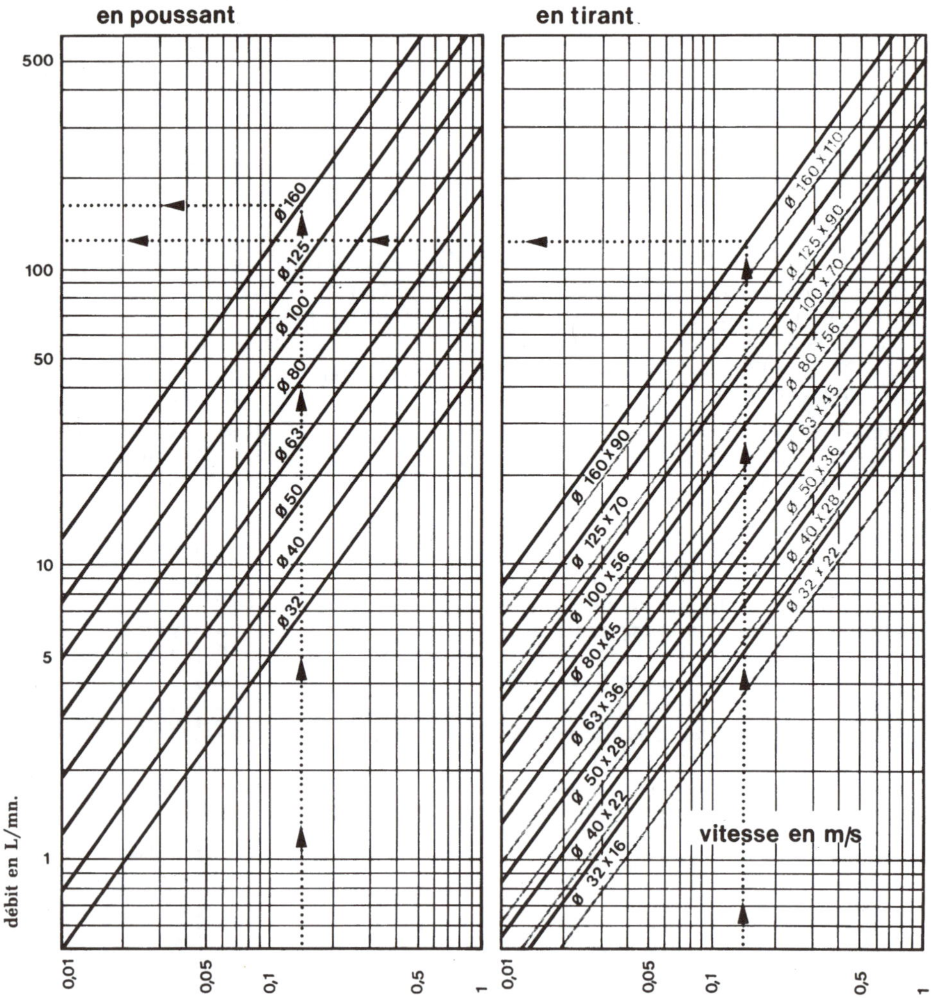

Exemple :
vérin Ø 160, tige Ø 90 mm ;
vitesse d'utilisation : 0,14 m/s.

Le diagramme indique :
débit Q_1 côté tige 120 L/min en tirant ;
débit Q_2 côté fond 170 L/min en poussant.

Longueur de flambage

Pour déterminer le diamètre des tiges de vérins, utiliser le diagramme suivant :

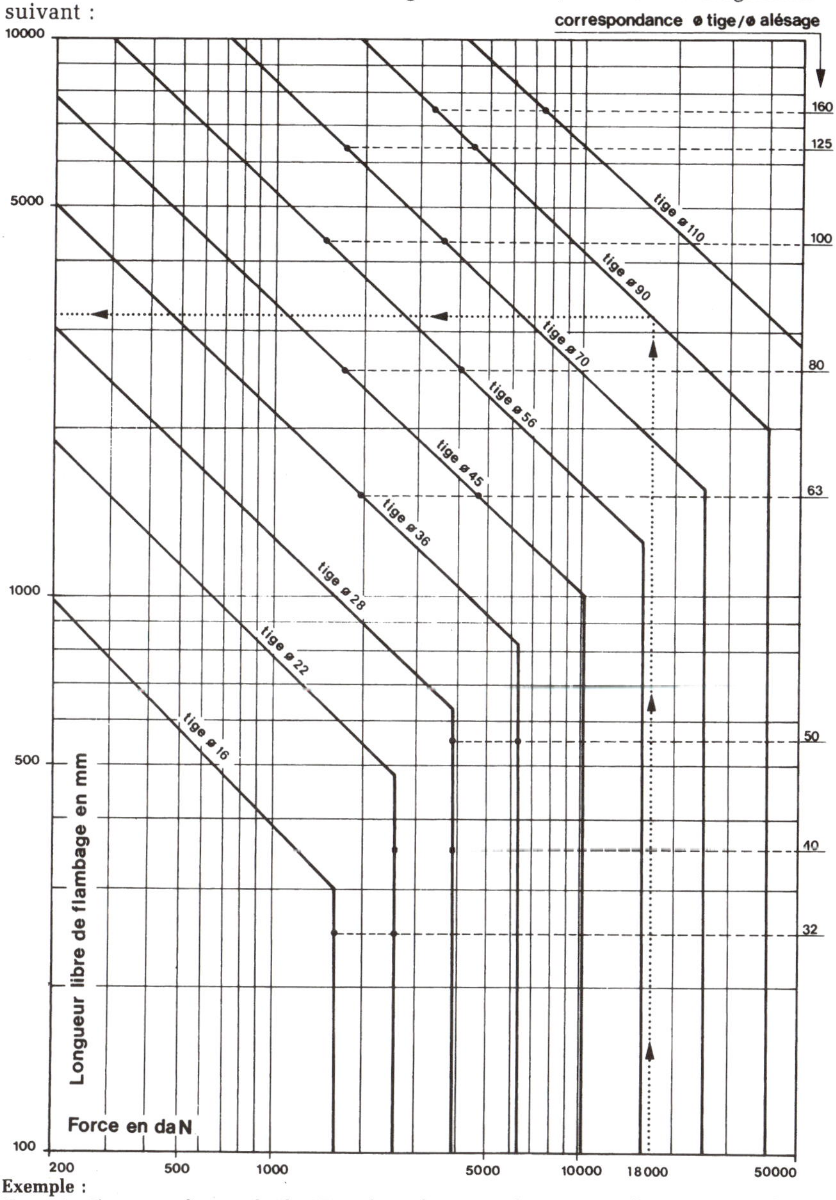

Exemple :

Un vérin Ø 160 × 90 fixé par bride AR et chape de tige. Le diagramme indique, pour une force de 18 000 daN, une longueur libre de flambage de 3 200 mm.

Détermination du facteur de course *K* en fonction du mode de fixation

code fixation	désignation	extrémité de tige	type de montage	coefficient K	indice pour calcul des entretoises
18 21	articulations arrières	articulation guidée	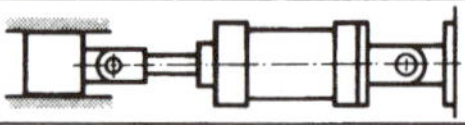	2	c
		filetage guidé	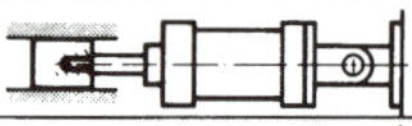	1,5	
		filetage non guidé	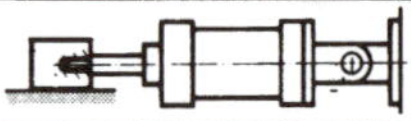	4	d
25	tourillons intermédiaires (placés sur le 1/3 avant du corps)	articulation guidée	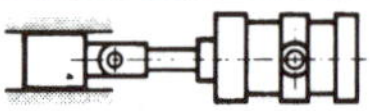	1,5	b
		filetage guidé	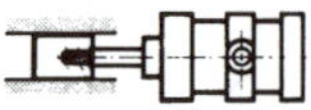	1	
		filetage non guidé	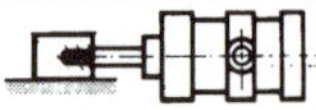	3	c
23	tourillons avant	articulation guidée	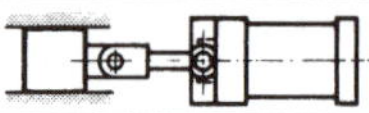	1	b
		articulation non guidée	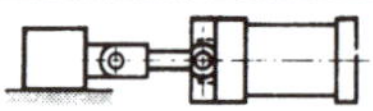	2	c
14-32	équerres	articulation guidée	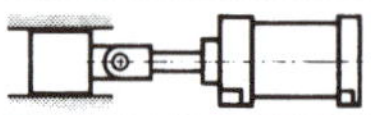	0,7	a
		filetage guidé	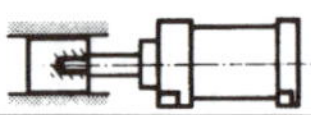	0,5	
		filetage non guidé	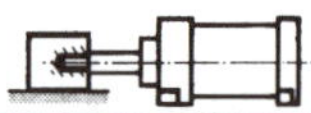	2	b
10	bride avant	fixée rigidement, guidée	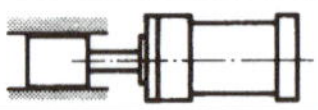	0,5	a
		articulée rigidement, guidée	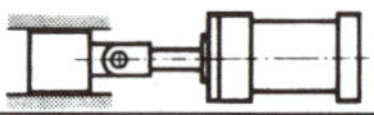	0,7	
		supportée - non guidée	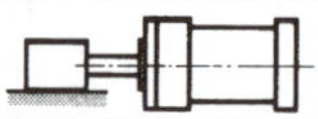	2	
11	bride arrière	fixée rigidement, guidée	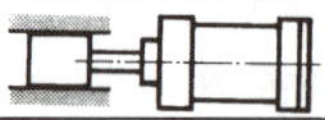	1	b
		articulée rigidement, guidée	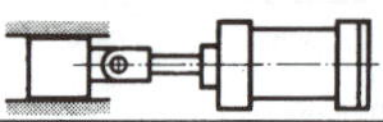	1,5	
		supportée - non guidée	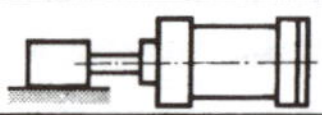	4	d

Force, pression, rendement

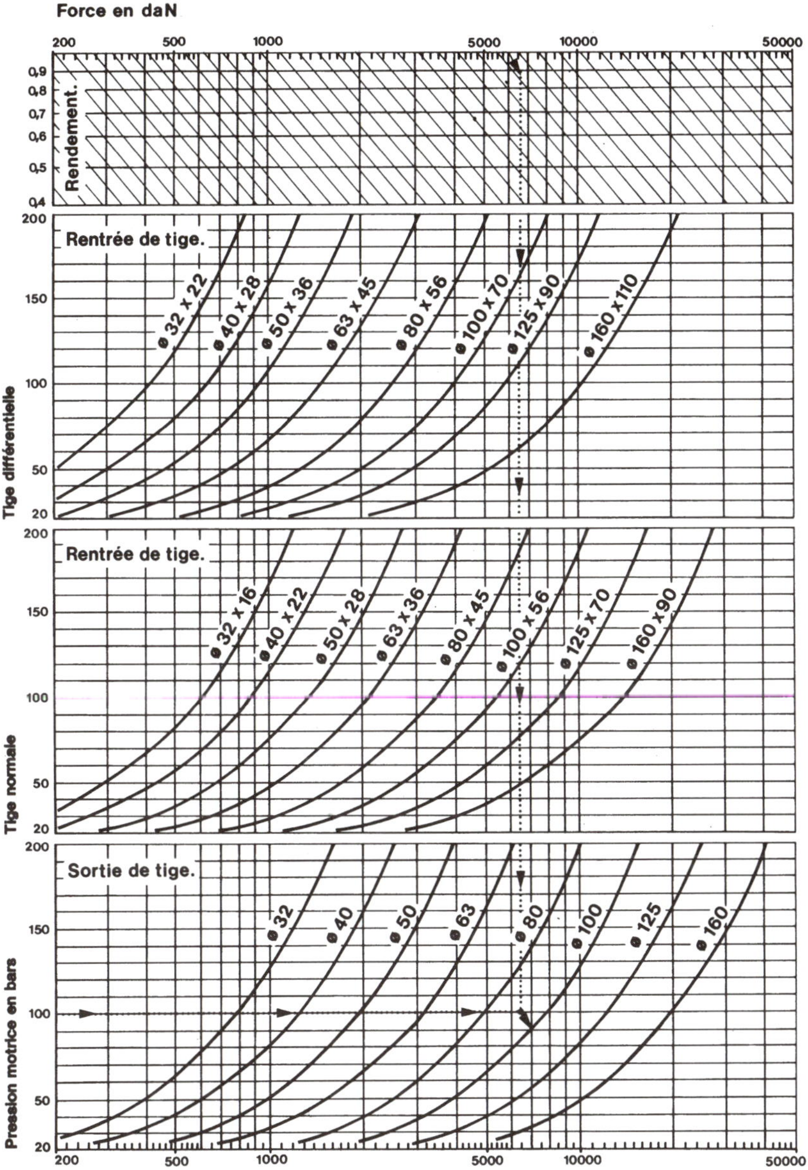

Exemple
- pression : 100 bars,
- force : 6 000 daN,
- rendement : 0,9.

Le diagramme indique en sortie de tige un vérin de diamètre 100 mm.

Vérins hydrauliques

Ø alésage (mm)		32	40	50	63	80	100	125	160
Ø tige (mm)		16 22 28 36 45 56 70 90 110							
Section (cm^2) (piston)		8,04	12,56	19,63	31,17	50,26	78,54	122,72	201
Tableau des courses normalisées, recommandées et maximales									
Course en mm	30	•	•	•	•				
	50	•	•	•	•	•			
	75	•	•	•	•	•	•		
	100	•	•	•	•	•	•	•	
	125	•	•	•	•	•	•	•	•
	160	•	•	•	•	•	•	•	•
Tolérance sur la course + 2 mm 0	200	•	•	•	•	•	•	•	•
	250	•	•	•	•	•	•	•	•
	300		•	•	•	•	•	•	•
	400		•	•	•	•	•	•	•
	500				•	•	•	•	•
	600				•	•	•	•	•
	800						•	•	•
	1 000						•	•	•

Vérins pneumatiques

Ø alésage (mm)		25	32	40	50	63	80	100	125	160	200
Ø tige (mm)		12		18		22		30		40	
Filetage en bout		M 10 × 1,5		M 16 × 1,5		M 20 × 1,5		M 27 × 2		M 36 × 2	
Course normalisée et recommandée	25	•	•	•	•	•					
	50	•	•	•	•	•	•				
	75	•	•	•	•	•	•	•			
	100	•	•	•	•	•	•	•	•		
	125	•	•	•	•	•	•	•	•	•	•
	150	•	•	•	•	•	•	•	•	•	•
	200	•	•	•	•	•	•	•	•	•	•
	250	•	•	•	•	•	•	•	•	•	•
	300			•	•	•	•	•	•	•	•
	400			•	•	•	•	•	•	•	•
	500					•	•	•	•	•	•
	600					•	•	•	•	•	•
	700							•	•	•	•
	1 000							•	•	•	•

Huiles recommandées (norme AFNOR NFE 48 600)

Marque	HL							HM							HV					
	15	22	32	46	68	100	150	15	22	32	46	68	100	150	15	22	32	46	68	100
BP								Énergol HLP/HLP-2							Énergol SHF/SHF-2					
									22	32	46	68				22	32	46	68	
Castrol								Hyspin AWS							Hyspin AWS					
								15	22	32	46	68	100	150			32	46		
Cofran								Cofraline extra							Hydroline spéciale					
								10.5	22.5	32.5	46.5	68.5	100.5	150.5			32	46	68	
Elf								Olna							Hydrelf					
								15	22	32	46	68				22	32	46	68	
Esso								Nuto HP							Univis					
								15		32	46	68	100			22		46		
Fina	Cirkan							Hydran CIN							Hydran HW					
		22	32	46	68	100	150		22	32	46	68	100	150		22	32	46	68	
Labo industrie	Labo hydra							Labo hydra							Labo					
	200		300	460	600			2002		3002	4502	6002				CH 1612		CH 1638		
Mobil	DTE oil							Mobile DTE							Mobile DTE					
			Light	Stand.	Med.	Heavy	Extra Heavy			24	25	26			11		13	15	16	18
Opal	Transopal TM							Hydropal HO							Hydropal HS					
	01	02	03	05	06	08	11	80	110	160	210	68	710	910		125	175	225	525	725
Shell	Tellus							Tellus C							Tellus T					
		22	32	46	68	100			22	32	46	68	100		15	22	37	46	100	
Sophos Houghton	Hydraulic							Hdro drive HP							CS					
	100		150	225	275	700	800		100	150	200	300	500					46		
Total	Reo							Azolla et Azollas							Équivis					
	15	22	32	46	68	100		15	22	32	46	68	100		15		32	46	68	

2 Choix d'une centrale

Définition d'une centrale hydraulique CHPI

Pompe à engrenages

① Type = **CHPI** (Pompe à engrenage immergée)

② Bac (limites) — ③ Moteur — ④ Débit nominal (l/mn) — ▲ Pression (bar)

15 l	30 l	60 l	120 l	240 l	P kW	1,4	2,7	6	8	11	15	21	27	32	36	44	58	72	88	102	115	130
					0,55	140	60	45	30													
					0,75	200	100	65	45	30	22											
					1,5		200	130	90	60	45											
					2,2			170	125	85	65	50	35	30								
					3				180	120	90	65	50	40	35							
					4					170	130	90	60	55	50	40						
					5,5						180	125	90	75	70	60	40					
					7,5							170	120	105	100	80	60	45				
					9								145	125	120	95	75	50	45			
					11												90	65	50	45		
					15												125	90	75	65	60	50
					18,5													115	100	80	75	60
					22														115	100	90	70

Bac (limites) : 240 l ; 120 l ; 60 l ; 30 l ; 15 l

Limites en débit

⑤ Em-bases *			
	B	1	Limiteur incorporé
	F B	3	NG 6
	F B	4	NG 10
	F B	5	NG 25

X : sans indicateur — indicateur visuel — indicateur électrique

⑥ Filtre retour	Seuil de filtration		X		
	30 μ	A	1		
	β_{25} = 75	C	1	2	3
		D	1	2	3

⑦ Cré-pine	125 μ		
		A	Sans
		B	Avec

⑧ Filtre à air		
	1	15 μ
	2	1 μ

⑨ Porte de visite			
	A	Sans porte	
	B	1 porte	Bac 240 l uniquement

Contrôle de pression		1	Sans	
		2	Manomètre	
		3	Manomètre + robinet	
		4	Manomètre + isolateur	
		5	Prise à visser	
Contrôle de niveau		A		
		B		
Contrôle de température		1		
		2		
		3		
Raccordement	DIN 2353-S	G	Gaz	pour embases type **B** et **F** **1 - 3 - 4**
		N	Briggs	
		M	Métrique	
	SAE 3000	B	Bride	pour embases type **B 5** et **F 5**

Exemple de définition de centrale

Vous avez besoin d'une centrale hydraulique :

32 l/mn 125 bar

bac : 120

débit : 32

moteur : 9

85	65	50	35	30		
120	90	65	50	40	35	
170	130	90	60	55	50	
	180	125	90	75	70	60
		170	120	105	100	80
			145	**125**	120	95

bac = 120 l

1	2	3	4	5	6	7	8	9	10	11	12	13
CHPI	120	9	32	F 4	C 3	B	1	A	3	B	3	G

- Type CHPI
- Bac 120 l
- Moteur 9 kW
- Pompe 32 l/mn
- Embase F4 (T du limiteur de pression raccordé au filtre)
- Filtre retour β_{25} avec indicateur électrique
- Avec crépine
- Reniflard 15 µ
- Sans porte de visite
- Manomètre avec robinet d'isolement
- Contrôle niveau avec indicateur électrique du niveau bas
- Contrôle électrique de température
- Raccordement DIN 2353-S "Gaz"

Pompe à pistons radiaux

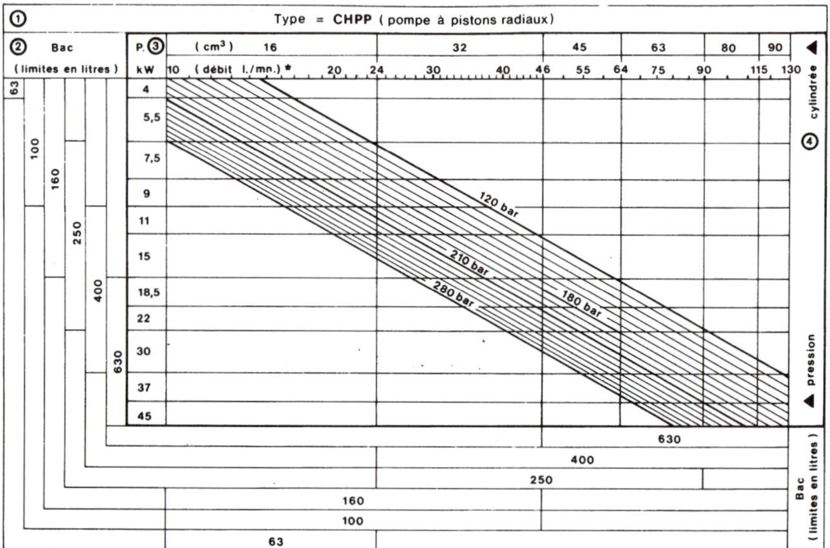

⑤ Type de commande/régulation				
	B1	Réglage mécanique	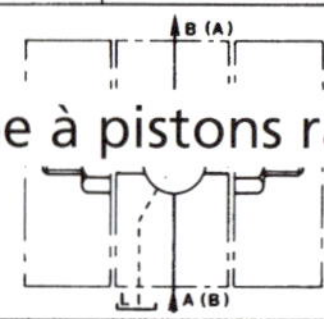	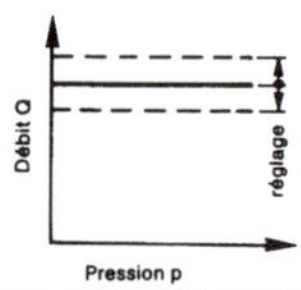
	F1	Maintien de pression, ajustable	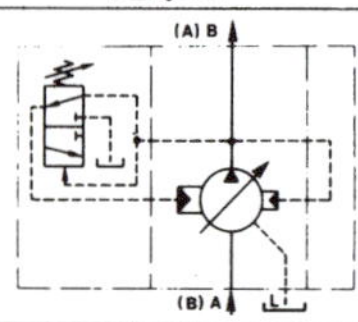	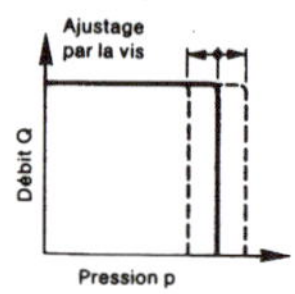
	J1	Régulation combinée débit-pression	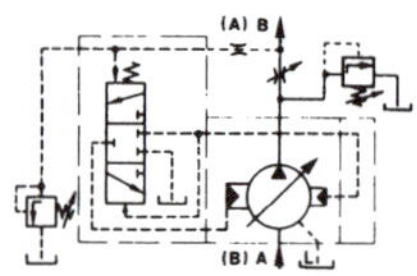	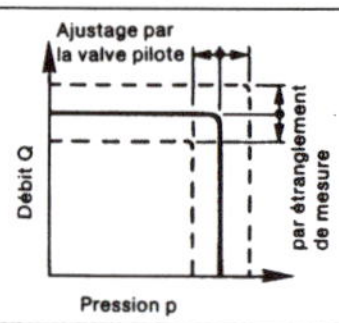
	H1	Maintien de pression pour commande hydraulique à distance	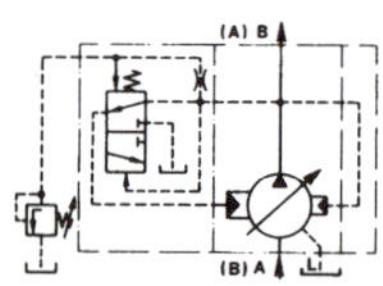	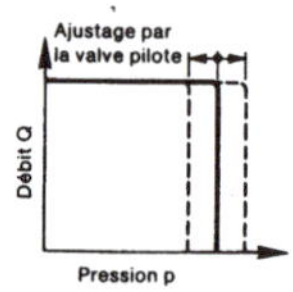
	S1	Sur consultation **(A,C,D,E,G,K,L)**		☐ : impossibilité

Pompe à pistons radiaux

* Préciser en clair le débit L/min à la fin de la désignation.

				Cylindrée cm³/t : 16 – 32 – 45 – 63 – 80 – 90 ; Débit L/mn : 24 – 45 – 65 – 90 – 115 – 130
⑥ Embases	F	0	Sans	Limites en débit
		3	NG 6	
		4	NG 10	
		5	NG 25	
⑦ Blocs de liaison	L	0	Sans	
		1		
		2		
		3		
		4		
⑧ Filtre retour	Seuil de filtration		X / 2 / 3	X : sans indicateur ; indicateur visuel ; indicateur électrique — Limites bac
	β_{25} = 75	C	1 / 2 / 3	Sur bacs 63, 100 et 160 litres
		D	1 / 2 / 3	Sur bacs 250, 400 et 630 litres
⑨ Crépine	125µ	A	Sans	
		B	Avec	
⑩ Filtre à air		1	10 µ	
		2	1 µ	
⑪ Porte de visite		A	Sans porte	Position de(s) porte(s) de visite à préciser en clair (voir exemple) Bac 63 à 400 litres (2 portes maxi) Bac 630 litres (4 portes maxi) — Limites bac
		B	1 porte	
		C	2 portes	
		D	4 portes	
⑫ Contrôle de pression		1	Sans	
		2	Manomètre	
		3	Manomètre + Robinet	
		4	Manomètre + Isolateur	
		5	Prise à visser	
⑬ Contrôle de niveau		A		
		B		
⑭ Contrôle de température		1		
		2		
		3		
⑮ Raccordement	DIN 2353-S	G	Gaz	pour embases type F 3-4
		N	Briggs	
		M	Métrique	
	SAE 3000	B	Bride	pour embases type F5

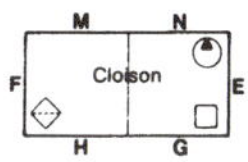

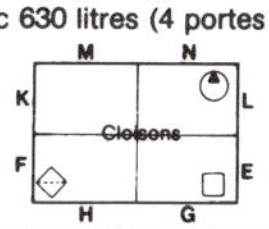

Exemple de définition de centrale

Vous avez besoin d'une centrale hydraulique :

80 l/mn 210 bar

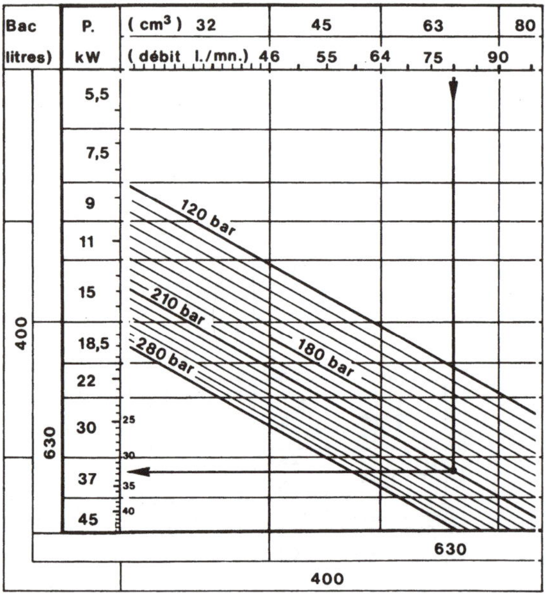

Solution

Moteur 37 kW sur abaque

ou $P_{kW} = \frac{Q_{l/mn} \times P_{bar}}{600 \times 0,85}$

d'où P = 32,9 kW soit un moteur de 37 kW

Bac de 630 L

La pompe aura une cylindrée de 63 cm³/tour

Nota : 0,85 = η moyen pompe x η moyen moteur

Exemple retenu :

1	2	3	4	5	6	7	8	9	10	11	12	13	14	15
CHPP	630	37	63	F1	F4	L0	D2	A	1	C	3	A	1	G *

1. Type CHPP
2. Bac 630 litres
3. Moteur 37 kW
4. Pompe 63 cm³/t
5. Maintien de pression ajustable (c^de manuelle)
6. Embase NG 10
7. Sans bloc
8. Filtre retour β_{25} = 75 avec indicateur visuel
9. Sans crépine d'aspiration
10. Filtre à air 10 µ
11. Avec 2 portes de visite
12. Avec manomètre + robinet d'isolement
13. Contrôle de niveau visuel
14. Contrôle de température visuel
15. Raccordement gaz

* – Préciser en clair le débit utile exemple : 80 L/mn

– Préciser en clair la position des portes de visite exemple : 2 portes sur face F et E

Nota :

– s'assurer que la pression d'utilisation ne dépasse pas les performances maxi tolérées. (Voir notice AKY 002/2). Nous conseillons l'utilisation d'un limiteur de pression pour sécurité.

3 Les huiles

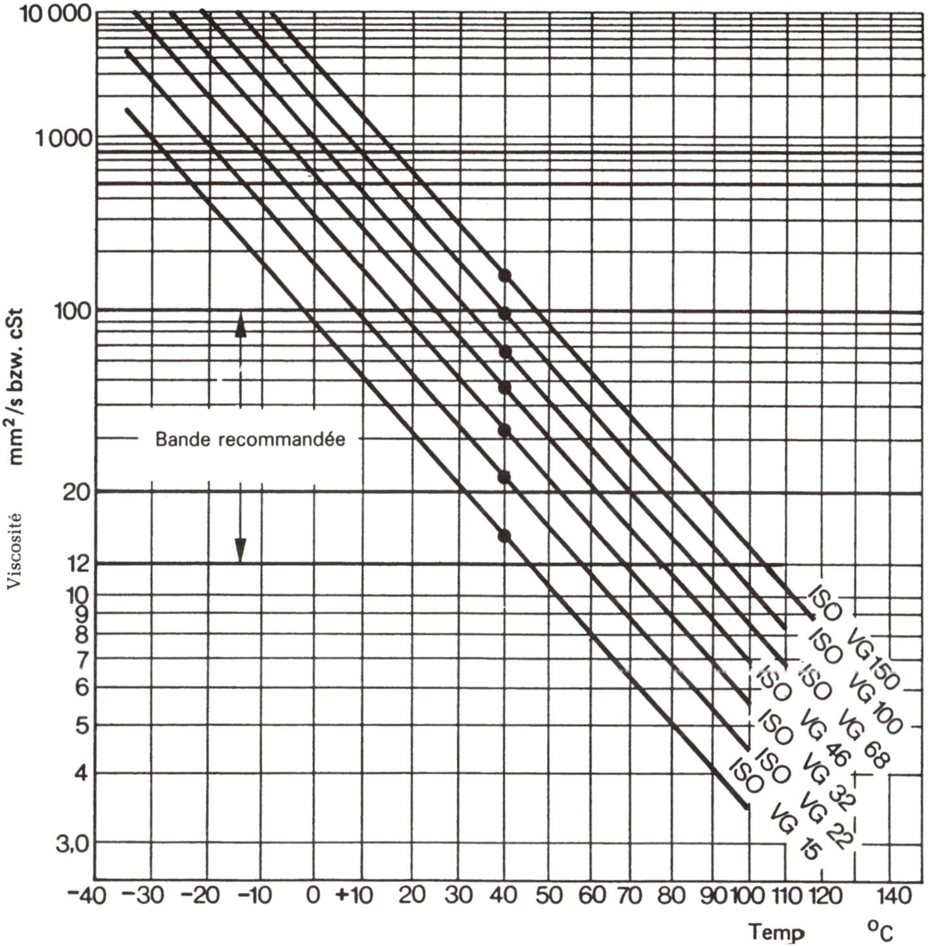
10 000
1000
100
20
12
10
9
8
7
6
5
4
3,0
mm²/s bzw. cSt
Viscosité
Bande recommandée
ISO VG 150
ISO VG 100
ISO VG 68
ISO VG 46
ISO VG 32
ISO VG 22
ISO VG 15
−40 −30 −20 −10 0 +10 20 30 40 50 60 70 80 90 100 110 120 140
Temp °C

4 Les accumulateurs

Adiabatische Zustandsänderungen	**Adiabatic changes of state**	**Transformations adiabatiques**
$p_0 = 1 \ldots 90$ bar	**$p_0 = 1 \ldots 90$ bar**	**$p_0 = 1 \ldots 90$ bar**

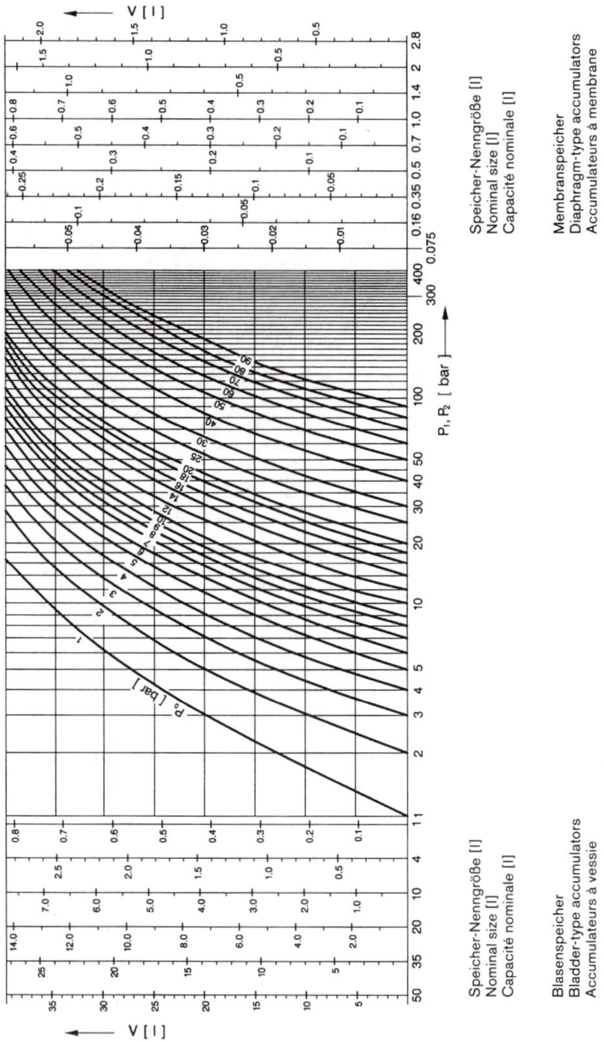

Transformations adiabatiques $p_0 = 100 \dots 300$ bars

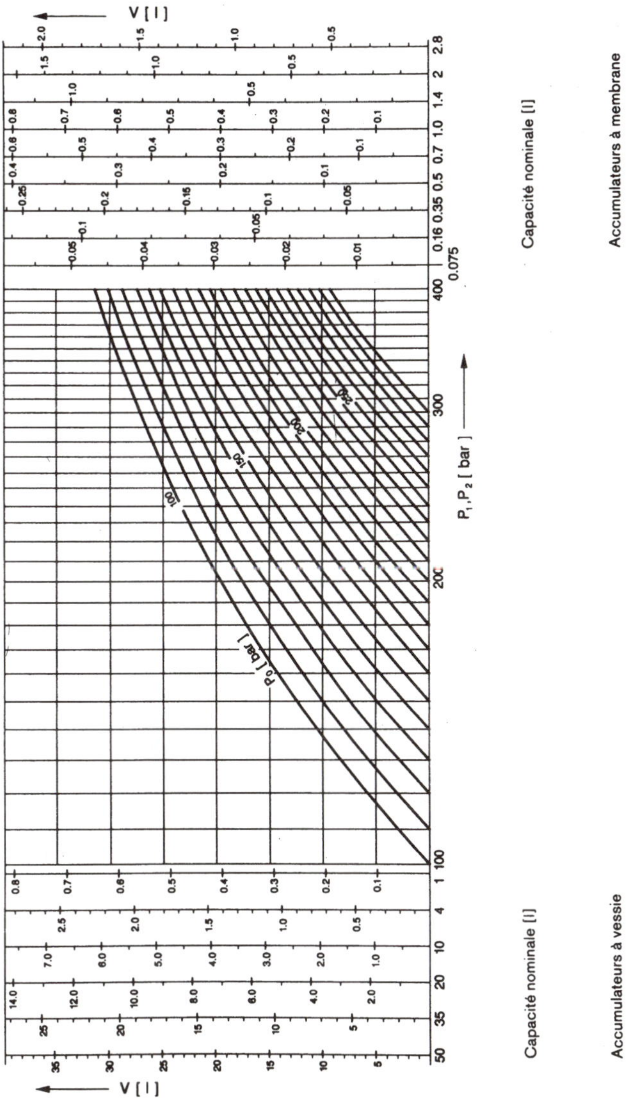

Transformations isothermiques de $p_0 = 1 \dots 90$ bars

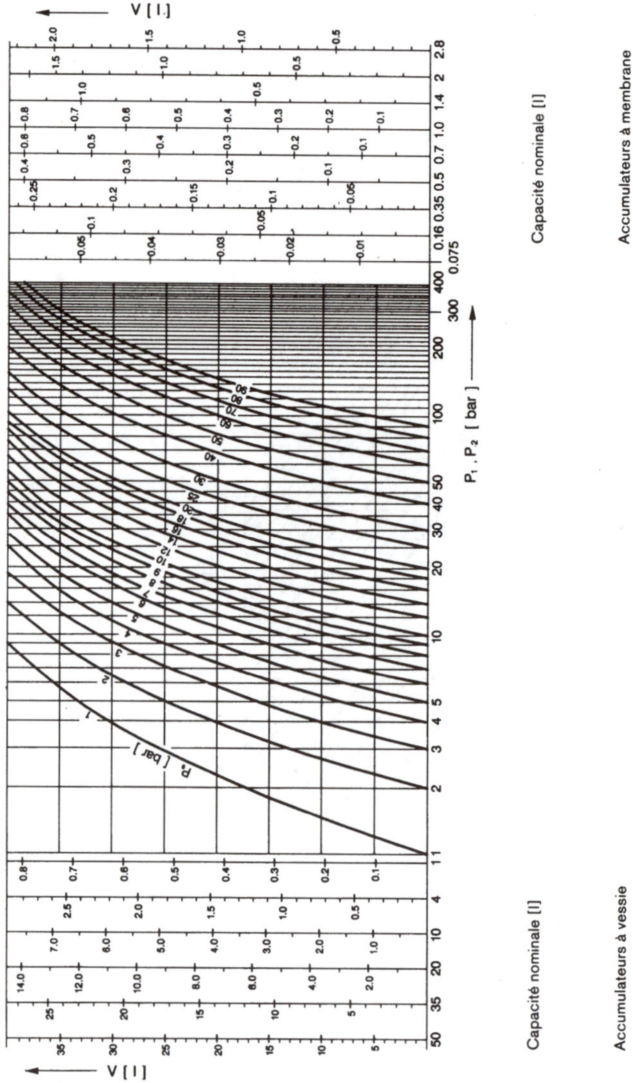

Transformations isothermiques de p_0 = 100 ... 300 bars

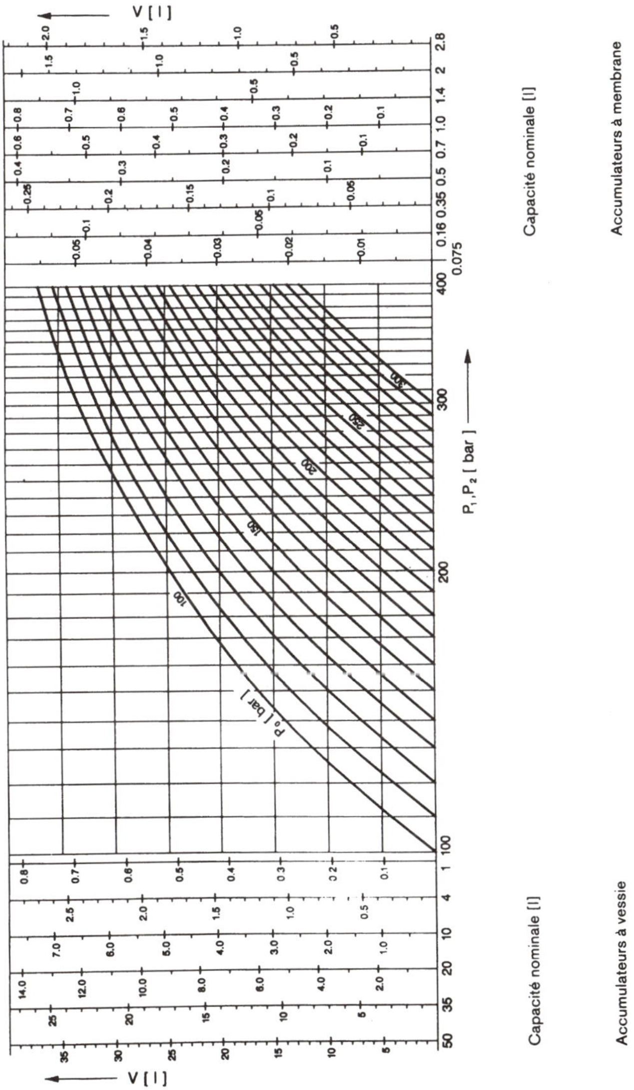

Relation entre le débit - la pression - la puissance

ABAQUE

Relation entre :
— le débit (L/min)
— la pression (bars)
— la puissance théorique (kW)

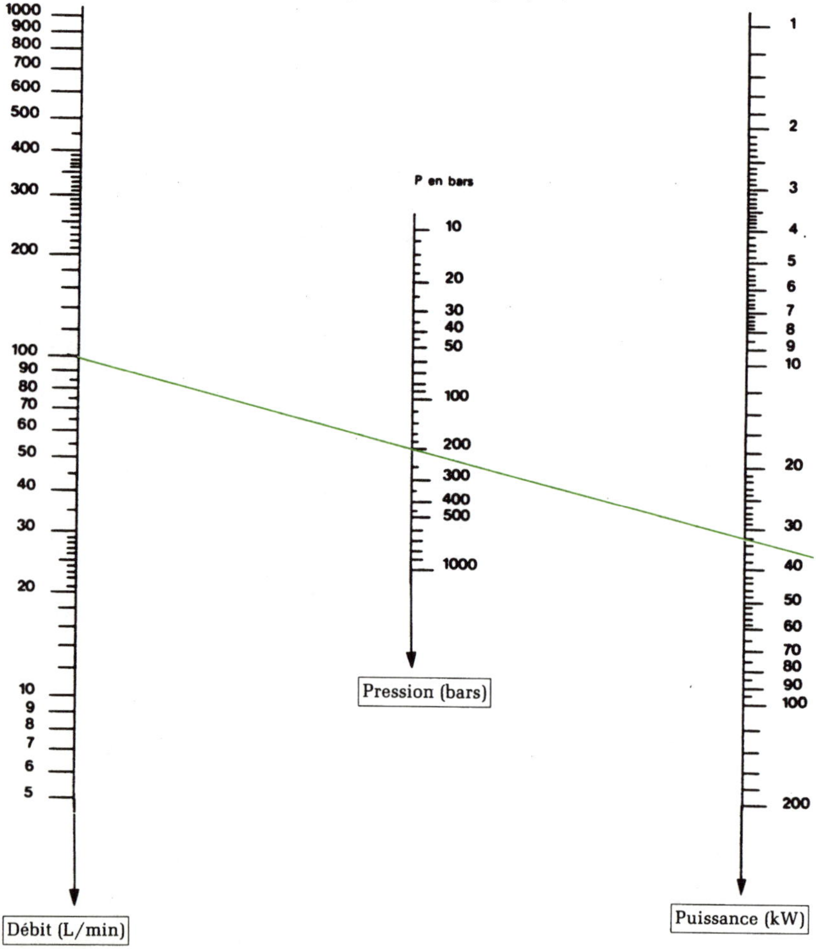

Débit : 104L/min
Pression : 180 bars
Puissance théorique : ?

Détermination des caractéristiques théoriques pompe - moteur

ABAQUE

Détermination des caractéristiques théoriques (couple - cylindrée - pression d'une pompe ou d'un moteur

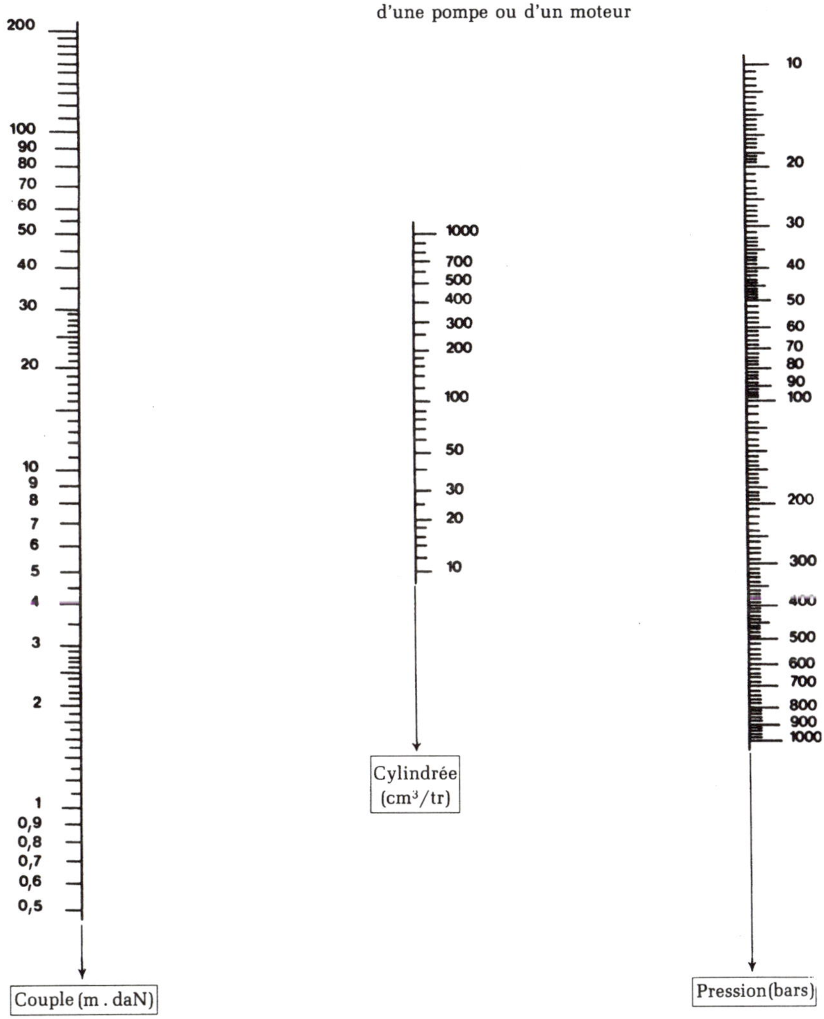

Exemple, page 77.

Abaque pour détermination des diamètres de tuyauterie

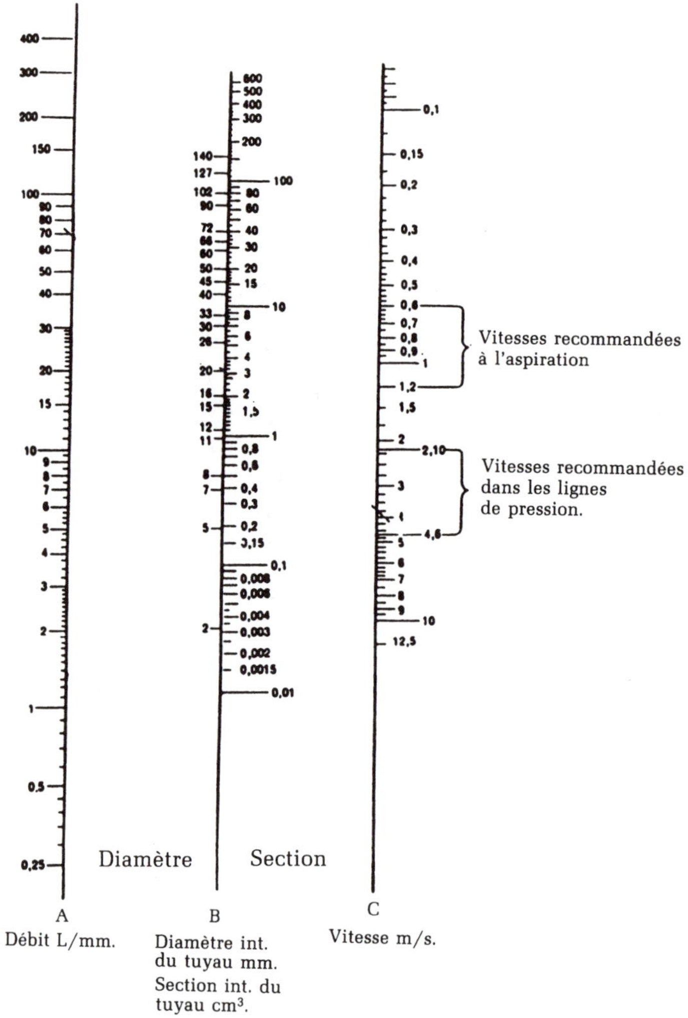

Exemple, page 89.

* Les recommandations correspondent à des huiles ayant une viscosité maximale de 315 S.S.U. (9 °E) à 38 °C fonctionnant à des températures comprises entre 18 °C et 68 °C.

Caractéristiques des filetages GAZ

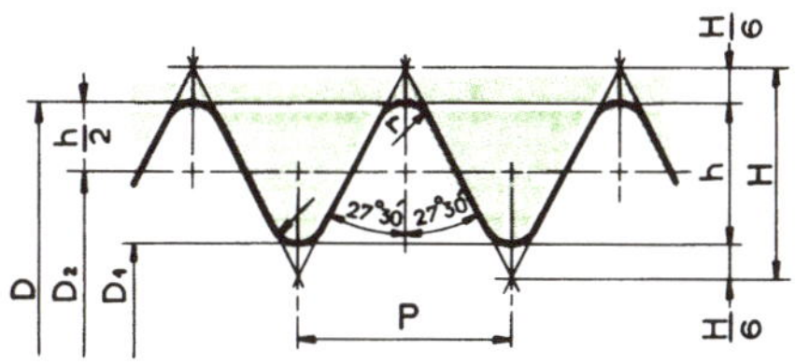

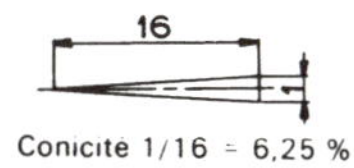

H = 0,960 491 × P
h = 0,640 327 × P
r = 0,137 329 × P

Fig. 1 Filetage intérieur cylindrique

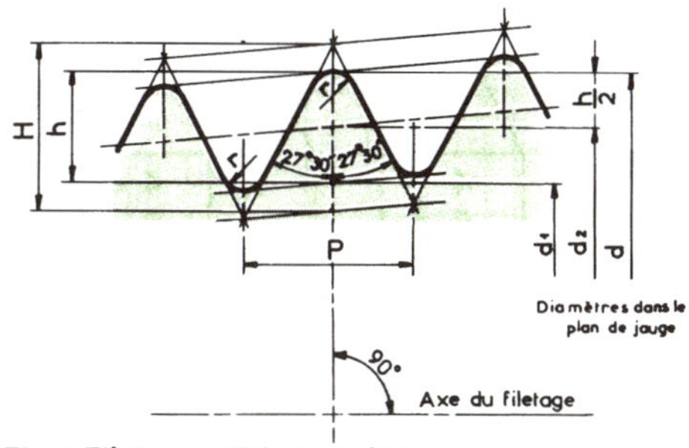

Fig. 2 Filetage extérieur conique

d	P	N	h	D = d	a	L mini
1/16	0,907	28	0,581	7,723	3,970	a + 2,5
1/8	0.907	28	0,581	9,728	3,970	a + 2,5
1/4	1,337	19	0,856	13,157	6,012	a + 3,7
3/8	1,337	19	0,856	16,662	6,350	a + 3,7
1/2	1,814	14	1,162	20,955	8,164	a + 5,0
3/4	1,814	14	1,162	26,441	9,525	a + 5,0
1	2,309	11	1,479	33,249	10,391	a + 6,4
1 1/4	2,309	11	1,479	41,910	12,700	a + 6,4
1 1/2	2,309	11	1,479	47,803	12,700	a + 6,4
2	2,309	11	1,479	59,614	15,875	a + 7,5
2 1/2	2,309	11	1,479	75,184	17,463	a + 9,2
3	2,309	11	1,479	87,884	20,638	a + 9,2
3 1/2	2,309	11	1,479	100,330	22,225	a + 9,2
4	2,309	11	1,479	113,030	25,400	a + 10,4
5	2,309	11	1,479	138,430	28,575	a + 11,5
6	2,309	11	1,479	163,830	28,575	a + 11,5

Désignation :
Les filetages gaz avec étanchéité dans le filet se désignent en indiquant dans l'ordre :

- la lettre « **R** » suivie de la lettre « **p** » dans le cas de filetage intérieur cylindrique ;
- la dénomination du filetage ;
- la référence à la présente norme.

Exemple de désignation d'un filetage gaz avec étanchéité dans le filet, dénomination 2 1/2

- pour filetage extérieur : **R 2 1/2, NF E 03-004**
- pour filetage intérieur cylindrique : **Rp 2 1/2, NF E 03-004**

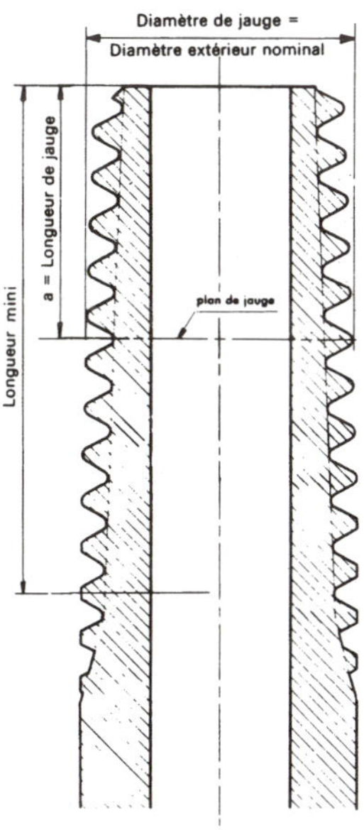

Fig. 3 Filetage extérieur coniqu

5 Caractéristiques des filetages

Type de tuyauterie

Ø Extérieur	Épaisseur	Ø Intérieur	Désignation	Pe éclatement en bar	Pe maxi en bar	Poids au mètre en kg	Section de passage en m
4	1	2	4 × 1	3 700	820	0,074	3,1
6	1	4	6 × 1	1 850	410	0,123	12,5
8	1	6	8 × 1	1 230	275	0,172	28,2
8	2	4	8 × 2	3 700	820	0,294	12,5
10	1	8	10 × 1	925	205	0,221	50,2
10	2	6	10 × 2	2 460	545	0,392	28,2
12	1	10	12 × 1	740	160	0,270	78,5
12	2	8	12 × 2	1 850	410	0,490	50,2
14	1	12	14 × 1	615	135	0,319	113
14	2	10	14 × 2	1 480	325	0,588	78,5
15	1	13	15 × 1	565	125	0,343	132,7
15	2	11	15 × 2	1 345	295	0,637	95
16	1	14	16 × 1	525	115	0,368	153,9
16	2	12	16 × 2	1 055	230	0,686	113
18	1,5	15	18 × 1,5	740	160	0,610	176,7
18	3	12	18 × 3	1 850	410	1,110	113,0
20	1,5	17	20 × 1,5	650	145	0,684	226,9
20	3	14	20 × 3	1 580	350	1,258	153,9
22	1,5	19	22 × 1,5	580	130	0,758	283,5
22	3	16	22 × 3	1 380	300	1,410	201
25	1,5	22	25 × 1,5	500	110	0,870	380,1
25	3	19	25 × 3	1 160	260	1,628	283,5
30	2	26	30 × 2	565	125	1,372	530,9
30	4	22	30 × 4	1 350	290	2,560	380,1
35	2	31	35 × 2	470	105	1,617	754,9
35	4	27	35 × 4	1 095	240	3,050	572,6
38	2	34	38 × 2	430	95	1,764	907,9
38	4	30	38 × 4	985	215	3,350	706,9
40	2	36	40 × 2	400	90	1,861	1018
40	4	32	40 × 4	925	200	3,550	804,2
45	2	41	45 × 2	360	80	2,106	1 319,5
45	4	37	45 × 4	800	175	4,030	1 074,7

Détermination de l'épaisseur d'un tube. (Pour tube acier de R = 42 kg / mm²)

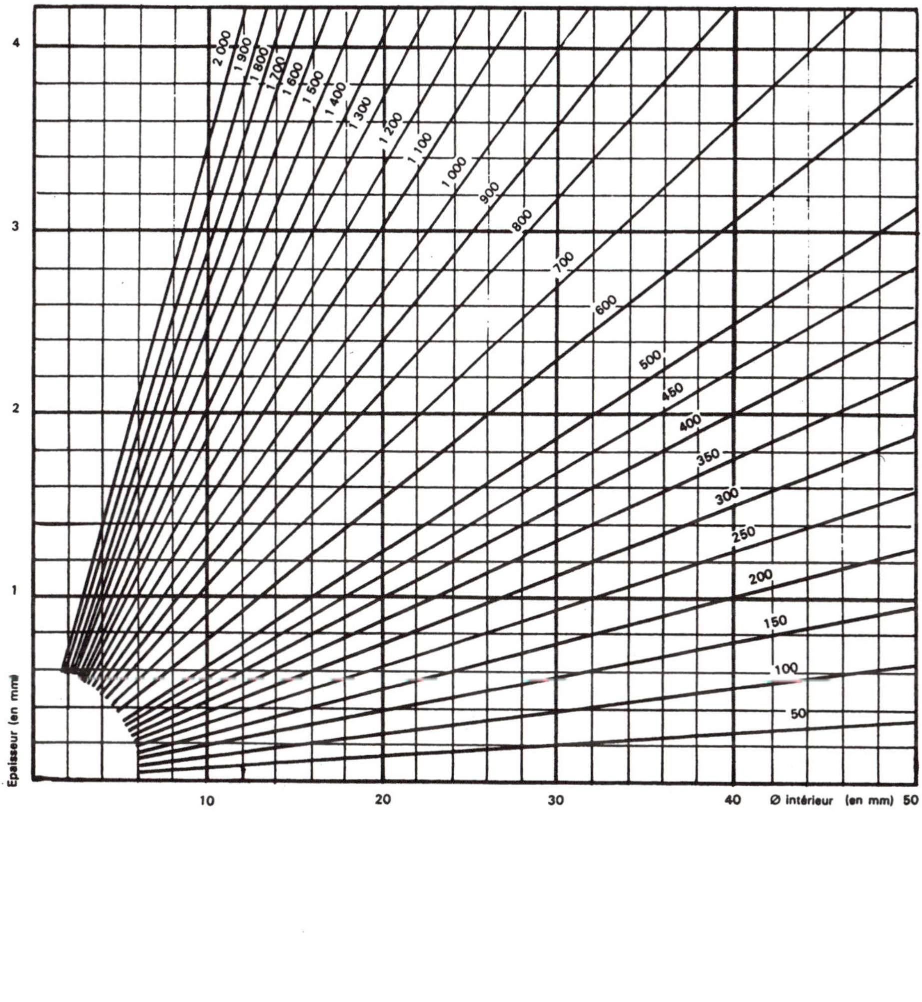

24 SYMBOLISATION - SYMBOLES HYDRAULIQUES

Sources d'énergie

Source de pression

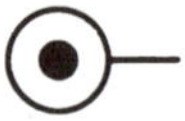

Source de pression hydraulique

Moteur électrique

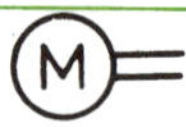

Moteur thermique

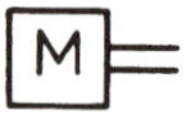

Réservoirs

Réservoir à l'air libre

- à conduite débouchant au-dessus du fluide

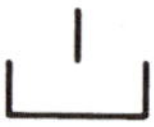

- à conduite débouchant au-dessous du niveau de fluide

- à conduite en charge

Réservoir sous pression

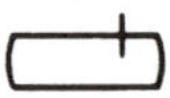

Conduites et raccordement

Conduite

- de travail ou de retour ou d'alimentation

- de pilotage, de récupération, de fuite, de purge et d'évacuation

- de gavage

- d'aspiration

- souple

- électrique

Raccordement de conduites

Croisement de conduites

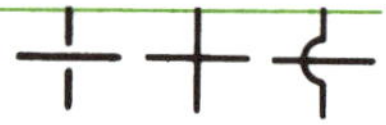

Prise

- bouchée

- avec conduite branchée

Raccordements rapides

- raccord rapide sans clapet de non-retour

- coupleur auto-obturant ou raccord rapide avec clapet de non-retour ouvert mécaniquement

- raccords rapides accouplés

Raccord rotatif

- a 1 passage
- à 3 passages

Appareils conditionnement

Filtre, crépine

Pompes et compresseurs

Pompe hydraulique à cylindrée fixe

- à un sens de flux

- à deux sens de flux

Pompe hydraulique à cylindrée variable

- à un sens de flux

Appareils de réglage de la pression

Limiteur de pression

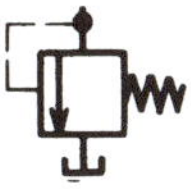

Distributeurs

Distributeur 2/2
à commande manuelle

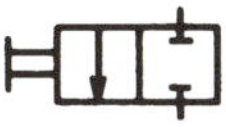

Distributeur 3/2
à commande par pression des deux côtés

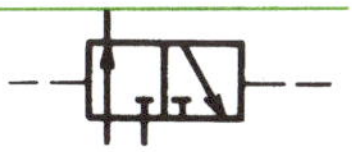

Distributeurs avec étranglement

- à 2 orifices (1 étranglement)

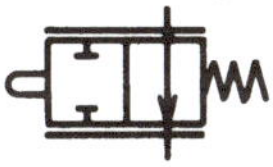

Modes de commande

Commande manuelle
(musculaire)

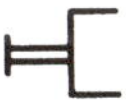

- par bouton-poussoir

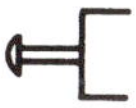

- par levier

- par pédale

Commande mécanique

- par poussoir ou palpeur

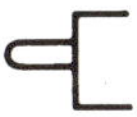

- par ressort

- par galet

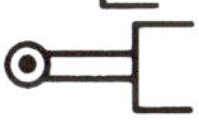

Commande électrique par système électromagnétique

- à 1 enroulement (simple action)

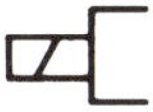

- à 2 enroulements agissant en sens contraire (double action)

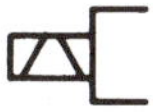

Commande indirecte par distributeur-pilote :

- par augmentation de la pression

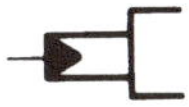

Transformation de l'énergie

Vérins

Vérins à simple effet — **Détaillé** / **Simplifié**

- à rappel par force non définie

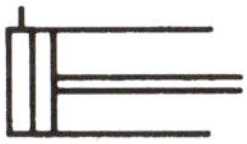
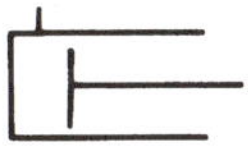

- rappel par ressort

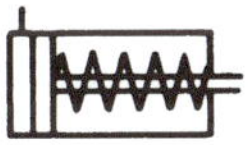
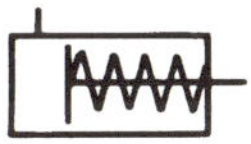

Vérin à double effet

- à double tige traversante

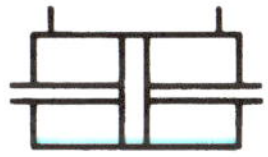
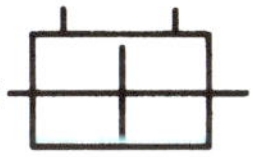

Vérin différentiel

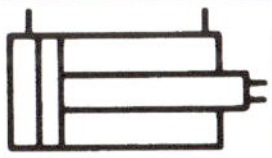
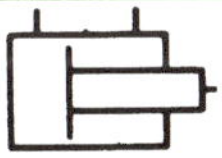

Vérin avec amortisseur

- fixe d'un côté

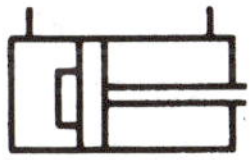
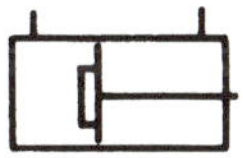

- réglable des deux côtés

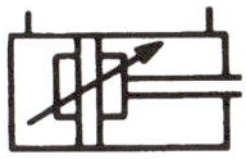
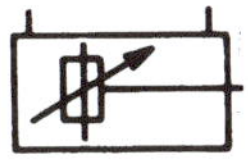

Vérin télescopique

- à simple effet

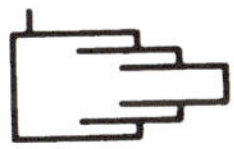

Moteurs

Moteur hydraulique à cylindrée fixe :

- à un sens de flux

- à deux sens de flux

Moteur oscillant :

- hydraulique

Appareils de règlage du débit

Réducteur du débit

- non réglable

- réglable

Diviseur de débit

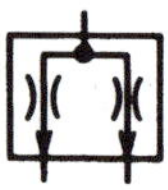

Robinet d'isolement

Clapet de non-retour, sélecteur, soupapes d'échappement rapide

Clapet de non-retour :

- sans ressort

- à ressort

- piloté

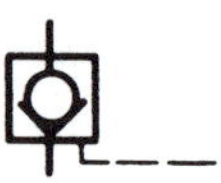

- avec étranglement

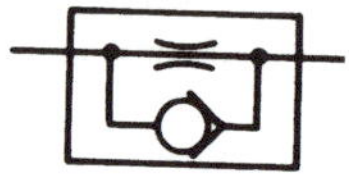

Accumulateurs

Accumulateur hydropneumatique

Appareils de mesure

Mesure de pression

- Manomètre

ou

Mesure de température

- Thermomètre

Contact électrique à pression

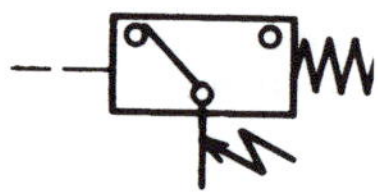

Échangeurs de chaleur

Régulateur de température

Refroidisseur ou réfrigérant

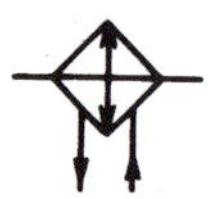

Réchauffeur

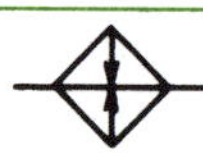

Pompes-moteur

Variateurs hydrauliques

Pompe-moteur à cylindrée variable

- à deux sens de flux

Distributeurs 4/3

Centre tandem
Circulation sans pression

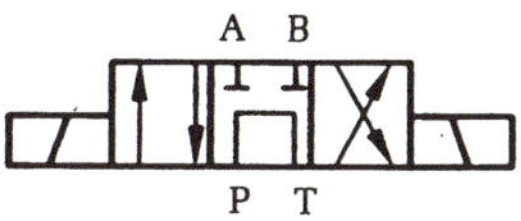

Centre ouvert
Vérin mouvant et circulation libre

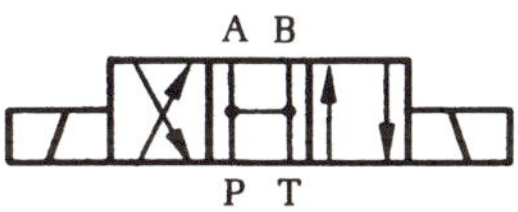

Centre partiellement ouvert
Vérin mouvant libre

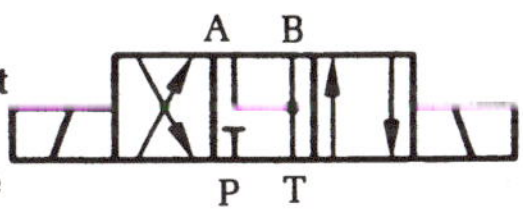

Centre fermé

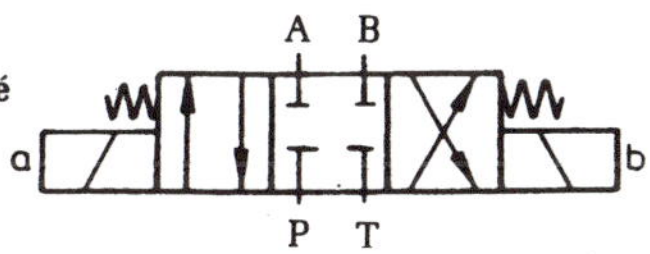

Commande d'un distributeur 4/3 par valeur pilote

symbole simplifié

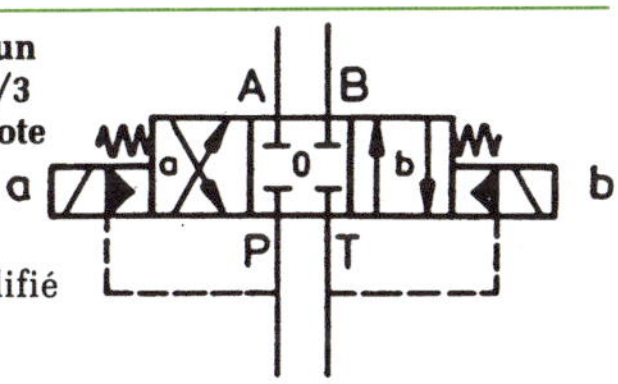

Symbole détaillé

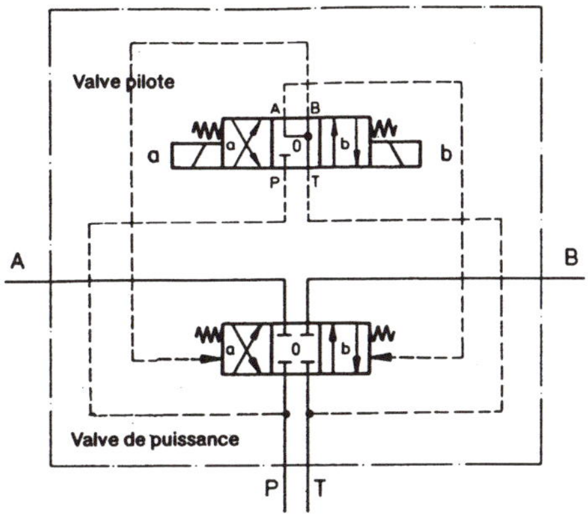

Groupe hydrauliques

Groupe hydraulique
avec filtre sur l'aspiration

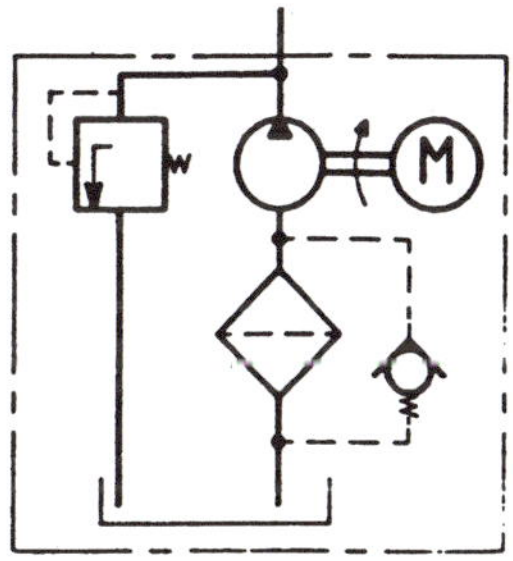

Groupe hydraulique
Moteur
Pompe
Soupape de sécurité

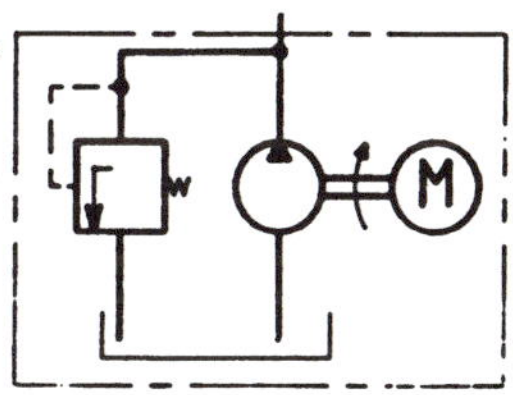

1 Mise en service d'une centrale hydraulique

- Réception du matériel et vérification de celui-ci.
- Mise en place ; montage éventuel ; calage du groupe.
- Remplir le réservoir d'huile hydraulique (3 ou 4 fois le débit pompe).
- Détarer les valves de limitation de pression.
- Vérification de tous les orifices et raccords.
- Desserrer les vis de purge.
- Vérification de la tension du moteur.
- Vérification du sens de rotation du moteur (par une impulsion).
- Mise en marche (marche-arrêt) de quelques secondes jusqu'à voir l'huile couler des purges.
- Resserrer les vis de purge.
- Faire tourner 5 minutes en observant le niveau d'huile.
- Compléter si nécessaire.
- Monter progressivement en pression.
- Mise à température de l'installation.

Contrôle
- Pression : manomètre.
- Température : thermomètre.
- Qualité de l'huile : analyse.
- Quantité d'huile : niveau.

2 La centrale hydraulique

La durée et la fiabilité des composants, ainsi que le bon fonctionnement d'une installation hydraulique, dépendent du respect de certaines règles.
En particulier :
1. Vidanger périodiquement le réservoir. Il faut le vider, le nettoyer et gratter le fond afin de retirer les dépôts, les impuretés et les boues. Le rincer et le sécher.
2. Vérifier l'état des joints et les changer si nécessaire.
3. Vérifier l'état des conduites et raccords.
4. Prévoir une maintenance régulière sur les filtres.

Sécurité
Il ne faut jamais travailler sur une centrale sous pression. La mise en marche d'une centrale hydraulique dans laquelle il manque de l'huile entraînera une détérioration de la pompe (hauteur minimale : 15 cm au-dessus de la crépine d'aspiration).
Il est préférable, également, de placer la centrale dans un bac afin de garder un sol propre.
Nettoyer les projections d'huile sur le sol (risques d'accidents).

Capacité d'huile à prévoir
- Prévoir 3 à 4 fois le débit en litres par minute de la pompe.
- Prévoir un espace libre entre l'huile et le dessus.

Température de fonctionnement
La température normale pour un fonctionnement correct est de 55 °C. Il faut éviter de dépasser 60 °C afin de garder à l'huile de bonnes qualités de fonctionnement.

3 Les pompes

Dépannage
Les pompes peuvent connaître de nombreuses pannes.
Si la pompe ne débite pas, regarder et vérifier :
- si elle est entraînée;
- si elle tourne dans le bon sens;
- si elle tourne à la bonne vitesse;
- si la crépine est immergée (vérifier le niveau d'huile);
- si l'aspiration ou le refoulement ne sont pas obstrués.

Montage des pompes
- Vérifier l'alignement de l'arbre d'entraînement de la pompe avec celui de l'arbre moteur.
- Attention au sens de rotation de la pompe. à la mise en marche, procéder par à-coups pour s'assurer du sens de rotation de celle-ci
- Surveiller les fuites éventuelles.
- Respecter les vitesses de rotation données par le constructeur.
- Respecter la qualité de filtration de l'huile.

4 La filtration

Dans une installation hydraulique, la qualité et la pureté de l'huile sont deux éléments d'une importance capitale. L'huile doit rester propre pour être efficace. Les filtres, qui contribuent à la maintenir en bon état, doivent être eux-mêmes en parfaite condition de fonctionnement.

Points à surveiller
- Les détecteurs de colmatage.
- Le nettoyage parfait des réservoirs lors du remplacement de l'huile.
- L'épuration magnétique (vérifier l'aimant placé sur le bouchon de vidange).

Filtration au remplissage du réservoir
Une huile «neuve», malgré la filtration réalisée à son conditionnement, comporte des particules nuisibles. Il est recommandé de la filtrer à nouveau avant de l'introduire dans le réservoir (filtration à 30 microns). A ce degré de filtration, le remplissage serait très long. Il faut donc prévoir, pour le remplissage, une pompe qui puise l'huile dans le bidon et la refoule dans le réservoir au travers d'une filtration fine.

Maintenance sur les filtres et les crépines
- Crépines : nettoyage simple.
- Filtres : à la première mise en service, le remplacement de la

cartouche filtrante se fera aux environs des 100 heures. Ensuite, la maintenance sur les filtres se fera suivant les conditions de fonctionnement du système (aux environs des 1 000 heures).

Réservoir
Après vidange de l'huile, le réservoir doit être gratté et nettoyé soigneusement. Rincer et essuyer avant le renouvellement de l'huile. Lors de la remise en place des bouchons de vidange et des portes de visite, il est impératif de vérifier et de changer si nécessaire les joints.

5 Choix de la taille d'un distributeur

Dans ce choix, l'élément à prendre en considération est le débit circulant dans l'installation hydraulique. Il est évident que plus le débit est important, plus la section des canalisations augmente. Les orifices de raccordement des composants varient de la même façon. Un mauvais choix entraînera une réduction importante du rendement avec une augmentation des pertes de charge.

Calibres ou tailles des distributeurs en fonction des débits traversés

Calibre constructeurs (correspondance approximative avec Ø moyen des orifices de passage) mm		Taille CETOP correspondante	Débit maximal (limites de fonctionnement) L/min	Débit nominal admissible tous symboles L/min
4	3/16	3	10	7
5		non normalisé	16	12
6	1/4	4	30	16
8	1/4	non normalisé	40	20
10	3/8	5	75	40
12	1/2	6	85	50
16	5/8	7	180	110
20	3/4	8	300	180
22-25	1	9	450	280
32	1.1/4	10	1 100	700
40	1.1/2	11		
50-52	2	12	2 000	1 400
62			7 000	5 000
82	pour	mémoire	recommandations CETOP RP 35 H	recommandations CETOP RP 35 H
102				

6 La rédaction d'une commande

Indications nécessaires à la rédaction d'une commande.

Exemple : vérin CPOAC type CTH ou CBH.

160 bars oléohydrauliques 2 versions - CTH - CBH
amortis - non amortis
8 alésages - de 32 à 160 mm 11 fixations

symboles pour la rédaction d'une commande

définition d'un vérin CTH ou CBH

<table>
<tr><td>Série</td><td>CTH
CBH</td><td colspan="16">vérin hydraulique 160 bars, construction avec tirants
vérin hydraulique 200 bars, construction sans tirants (vérin nu)</td></tr>
<tr><td>∅ Alésage</td><td>en clair</td><td colspan="2">32</td><td colspan="2">40</td><td colspan="2">50</td><td colspan="2">63</td><td colspan="2">80</td><td colspan="2">100</td><td colspan="2">125</td><td colspan="2">160</td></tr>
<tr><td>∅ Tige</td><td>en clair</td><td>16</td><td>22</td><td>22</td><td>28</td><td>28</td><td>36</td><td>36</td><td>45</td><td>45</td><td>56</td><td>56</td><td>70</td><td>70</td><td>90</td><td>90</td><td>110</td></tr>
<tr><td>Amortissement</td><td>AH
BB-BS

NA</td><td colspan="16">amortissement avant et arrière
amortissement avant et arrière avec bague à trous (voir notice technique spécifique)
sans amortissement</td></tr>
<tr><td>Tige</td><td>1
2</td><td colspan="16">simple tige
double tige (réalisable uniquement avec le plus petit ∅ de tige correspondant à l'alésage)</td></tr>
<tr><td>Fixations pression d'utilisation 160 bars</td><td>10
11
14
32
18
48</td><td colspan="7">- bride rectangulaire AV
- bride rectangulaire AR
- équerres position intérieure
- équerres position extérieure
- articulation AR femelle
- articulation AR rotulée</td><td colspan="2">19
21
23
25
30</td><td colspan="7">- artic. AR fem. + compl. mâle
- articulation AR mâle
- tourillons mâles AV
- tourillons mâles interméd.
- sans fixation</td></tr>
<tr><td>Extrémités de tige</td><td>0
1
2
3
49
51</td><td colspan="16">- filetage
- filetage avec chape mâle
- filetage avec chape femelle
- filetage avec ensemble chapes mâle et femelle
- filetage avec embout rotulé
- filetage pour embout rotulé</td></tr>
<tr><td>Course</td><td>en mm</td><td colspan="16">à la demande</td></tr>
<tr><td>Raccordement</td><td>DB
DG</td><td colspan="16">taraudage BRIGGS
taraudage GAZ</td></tr>
<tr><td>Étanchéité piston</td><td>JL
SM</td><td colspan="16">joints à lèvres
segments métalliques</td></tr>
<tr><td>Étanchéité tige</td><td>JL
JC</td><td colspan="16">joints à lèvres (n'existe pas en élastomère fluoré)
joints chevron</td></tr>
<tr><td>Qualité d'étanchéité</td><td>N
V</td><td colspan="16">normale (nitrile)
élastomère fluoré</td></tr>
<tr><td>Qualité tube</td><td>KR</td><td colspan="16">cylindre rodé</td></tr>
<tr><td>Position des orifices</td><td>1, 2, 3 ou 4</td><td colspan="16">au choix</td></tr>
<tr><td>Cote Q</td><td>en mm</td><td colspan="16">à préciser dans le cas de fixation par tourillons intermédiaires</td></tr>
</table>

exemple de rédaction de commande

Un vérin CTH 100 × 70 AH.1.14.2.380 DB.JL.JC.N.KR.3 est un vérin hydraulique 160 bars de la série CTH, alésage 100 mm, tige ∅ 70 mm, avec amortissement hydraulique, simple tige, fixation par équerres en position intérieure, extrémité de tige filetée équipée d'une chape femelle, course 380 mm, orifices taraudage BRIGGS, joints à lèvres sur le piston, joints chevron sur la tige, qualité joints : normale (nitrile), tube rodé, orifices suivant la position 3.

7 Réfection d'un vérin

— la réfection d'un vérin passe par le changement des joints.
— Ces joints se vendent par pochette.
— Au montage, il est impératif de respecter les couples de serrage.

Caractéristiques de construction

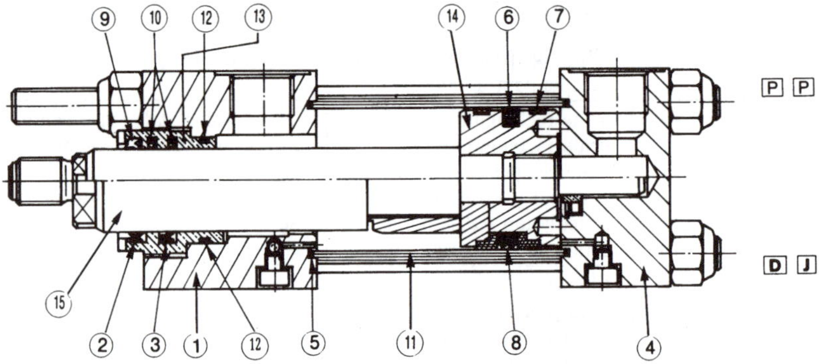

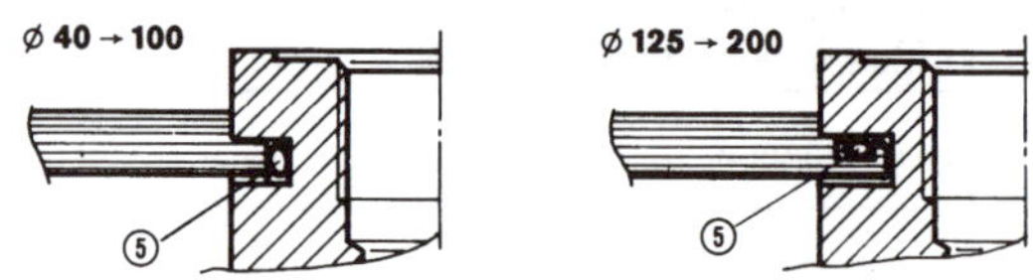

Fig. 1

(1) flasque avant
(2) (3) joints racleur de tige
(4) flasque arrière
(5) joint cylindre - flasque
(6) (7) joint de piston (segments métalliques)
(8) joint de piston (joint à lèvres)
(9) (10) joint racleur de tige
(11) corps
(12) joint d'étanchéité entre la douille et le flasque
(14) piston
(15) tige en acier chromé

Couples de serrage

Ø Alésage		32	40	50	63	80	100	125	160
Assemblage cylindre /fond série TH	m . daN	0,9	1,9	2,1	3,4	7,2	9,8	17	32
Assemblage cylindre /fond série BH	m . daN	1,6	3,1	3,5	6	13,8	20	22	50
Assemblage tige /piston séries TH et BH	m . daN	0,3	2	7	17	33	60	115	240

Pochettes de joints sous-ensembles de rechange SER

composition des pochettes :
SER JL de piston : 2 (07) + 2 (06) -
SER JL de tige : 1 (26) + 1 (01) -
SER JC de tige : 1 (02) + 1 (01) -

8 Mise en œuvre des vérins

- Pour **mettre en œuvre un vérin,** il convient de respecter certaines règles :
1. Le remplir d'huile dans les deux chambres.
2. Le purger au moyen des vis placées sur les flasques avant et arrière.
- Pour une **bonne utilisation des vérins,** il convient de respecter certaines conditions de fonctionnement :
1. La force axiale fournie étant importante, il faut travailler dans l'axe, soit en poussant soit on tirant.
2. Il faut, dans la mesure du possible, placer les fixations dans l'axe du vérin (fixation en chape de préférence).
3. Au montage, il faut veiller à la liberté des flexibles. Les débattements maximum doivent être vérifiés et il convient de garder une accessibilité correcte pour le réglage des vitesses.
4. Dans la mesure du possible, il faut essayer de protéger la tige du vérin contre les agressions extérieures.
5. Lors du montage ou du démontage de la fixation de la tige, il est impératif de se servir du carré placé au bout de celle-ci.

9 Installation des moteurs hydrauliques

Le moteur comporte trois orifices :
- un orifice alimentation;
- un orifice retour au réservoir;
- un orifice drain.

Le bridage doit être solide et calculé en fonction du travail demandé au moteur. La fixation entre l'arbre du moteur et le récepteur doit être la plus précise possible.

Instructions concernant la mise en route des moteurs
Lors de la mise en fonction d'un moteur hydraulique, celui-ci doit être rempli de fluide hydraulique avant son montage dans l'installation.
Ensuite, il convient de contrôler le sens de rotation. Les tuyauteries doivent être débarassées de toutes particules nuisibles (sable ou copeaux).
Les caractéristiques du moteur données par le constructeur doivent également être respectées, en particulier la vitesse de rotation et la pression de service.

Filtration
Les moteurs hydrauliques, comme tous les composants, sont des éléments fragiles. La plupart des pannes ou cas d'usure prématurée sont à imputer à un fonctionnement utilisant un fluide de mauvaise qualité. La filtration de l'huile sera donc particulièrement soignée (de 25 à 30 microns).

10 Réglementation concernant les accumulateurs hydrauliques

Les accumulateurs hydrauliques sont des réservoirs sous pression. De ce fait, ils doivent respecter la réglementation intervenant au niveau de la prévention des accidents.

Organismes d'homologation
Les contrôles, les approbations et les homologations sont effectués par des experts dépêchés par des organismes reconnus.

Dispositifs de sécurité
Lors de l'homologation **par l'expert**, sur le lieu d'utilisation, les dispositifs suivants de sécurité doivent apparaître :
- un limiteur de pression (1);
- une valve d'isolement (2);
- une valve de décharge (3);
- un manomètre (4).

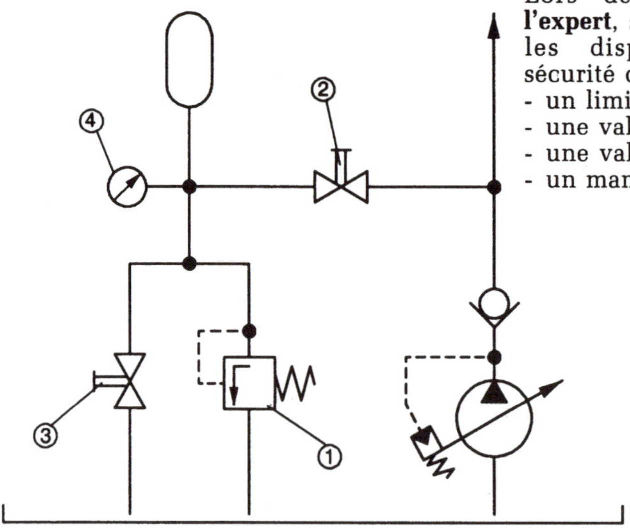

Fig. 2

11 Instruction de montage des embouts sur flexible (une ou deux tresses)

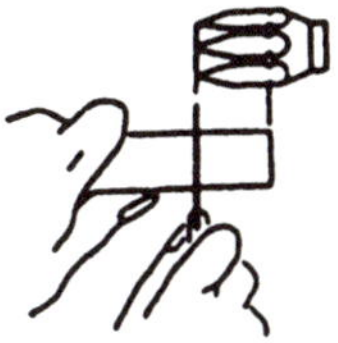

Fig. 3

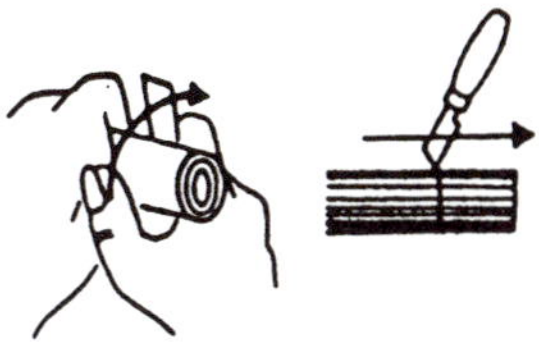

Fig. 4

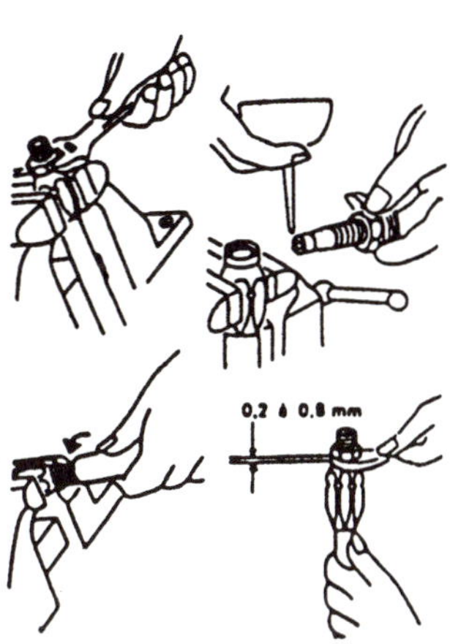

Fig. 5

Fig. 6

Pour ces tuyaux « haute pression » et « très haute pression », l'accrochage de l'embout se fait sur la tresse ou la nappe métallique qu'il faut mettre à nu à chaque extrémité suivant les instructions ci-dessous :
Avec un couteau, entailler la robe extérieure en caoutchouc sur toute sa circonférence et jusqu'à la tresse ou la nappe acier sans blesser cette dernière. La longueur à dépouiller est déterminée sur les douilles et pour chaque dimension, par une saignée sur les angles du six pans (fig. 3).
Toujours avec le couteau et suivant une génératrice, couper la robe en caoutchouc jusqu'à la tresse ou la nappe acier (fig. 4).
Amorcer le décollement du recouvrement avec un tournevis ou tout autre outil non tranchant puis, à l'aide de pinces, arracher progressivement le caoutchouc (fig. 5).
Il est recommandé de brosser la tresse ou la nappe pour finir d'éliminer toutes les particules de caoutchouc pouvant y adhérer (fig. 6). Au cours de cette opération, prendre les précautions nécessaires pour ne pas « ébouriffer » la tresse ou la nappe métallique.

Serrer la douille dans un étau, modérément, afin d'éviter les déformations. Visser le tuyau à l'intérieur de la douille (filetage à gauche) jusqu'en butée et, très important, dévisser d'un quart de tour. Placer l'extrémité du tuyau, muni de la douille, verticalement.

pour l'assemblage des tuyauteries
Huiler abondamment l'intérieur du tuyau ainsi que la partie à emmancher de l'embout (cône et filetage). Employer l'huile minérale neutre, type extrême pression.
Engager l'embout dans le tuyau en poussant et visser sans le bloquer contre la douille un jeu de 0,2 à 0,8 mm maximum est nécessaire.
Pour des séries importantes, nous vous recommandons nos machines à visser.
Après assemblage, nettoyer et souffler la tuyauterie.
Si l'utilisation n'est pas immédiate, obturer les extrémités.

26 LA SCHÉMATISATION

1 Règles générales relatives à l'exécution des schémas hydrauliques

La réalisation de schémas en hydraulique doit respecter la normalisation. Le dossier technique des machines est constitué de dessins (ensembles et détails), de nomenclatures et de schémas qui peuvent être hydrauliques, pneumatiques, électriques ou électroniques.
Ces schémas, utilisés par des automaticiens ou des techniciens de maintenance sont très importants. Ils doivent être clairs et précis. Ils permettent de suivre et de décrire les circuits de puissance et de commande. Tous les composants hydrauliques, ainsi que leurs liaisons doivent être représentés, de même que tous les éléments de commande.
(Les schémas ne tiennent pas compte de la disposition des composants dans le système réel)

2 Formats

Il est préférable, dans la réalisation des schémas, d'utiliser le format A4 ou A3. Si d'autres formats sont utilisés, il convient de plier les plans au format A4.

3 Circuits hydrauliques

Dans les schémas, les composants hydrauliques sont de préférence disposés de bas en haut et de gauche à droite.
— En bas à gauche : le groupe de puissance (réservoir, filtration, moteur-pompe)
— Au milieu : la distribution (distributeurs) et la régulation
— En haut : les actionneurs (vérins et moteurs),

4 Règles relatives aux composants

Les composants qui constituent un système hydraulique sont dessinés en utilisant la représentation symbolique normalisée. Ils sont représentés chacun dans la position fonctionnelle qu'ils occupent à l'état initial, tel qu'il découle du diagramme fonctionnel (l'état initial s'entend après mise sous pression des circuits et avant que le cycle ne commence.)
Les orifices de raccordement sont également repérés en respectant une convention normalisée.

Repérage des orifices des composants

— 2 *orifices*

Limiteur de pression : P : orifice d'entrée
T : orifice de sortie

— 3 *orifices*

Distributeur 3/2 : P : orifice de pression
A : orifice d'utilisation
T ou R : orifices de retour au réservoir

— 4 *orifices*

Distributeur 4/2 : P : orifice de pression
A et B : orifices d'utilisation
T ou R : orifices de retour au réservoir

— *En règle générale sur les autres composants* :
P : orifice de pression
A et B : orifices d'utilisation
T ou R : orifices de retour au réservoir

Orifices auxiliaires

Ces orifices permettent le pilotage de certains composants.
X et Y désignent les orifices de pilotage (ex. : distributeur); L, l'orifice de drainage

Repérage des conduites

— Conduite de travail de retour d'alimentation :
un trait continu fort ————————

— Conduite de pilotage, de purge, de fuite :
un trait interrompu — — — — —

— Conduite de gavage : un trait fort avec croix 

— Conduite souple : un trait fort avec rayon 

— Conduite d'aspiration : un trait fort avec flèches 

Banc hydraulique

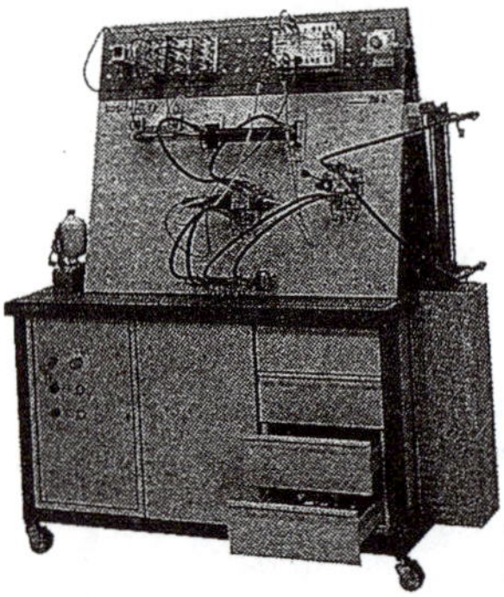

R. Bosch

Hydraulique Système d'entraînement TS 3

1. Généralités

A la suite de la réorganisation du cours du BIBB sur l'« Hydraulique », la composition du matériel du système d'enseignement et d'entraînement TS 3 a été adapté en conséquence.
Le catalogue USY 000/17 est remis à jour par cette information produits.
Une liste comparative des lots de composants voir page 20 ... 22.

2. Conseils pour la commande

Le chariot d'entraînement I est conçu pour 2 postes de travail (avant/arrière). L'alimentation en pression s'effectue de façon séparée par une pompe double entraînée par un moteur électrique commun. Pour l'équipement des deux postes de travail, commander en double les lots de *marqués d'un astérisque de la page 3.
Commander en plus du premier vérin 0813 770 207 un deuxième vérin à poids admissible
0 813 770 206. Le matériel portant la désignation « Hydraulique BIBB » Il suffit à réaliser les exercices mentionnées dans le cours du BIBB (valves à levier).
Les lots de composants de matériel « Elektro-Hydraulik », III, « Proportional-Hydraulik » IV et « SPS-Technik » V constituent des développements permettant de réaliser des exercices spéciaux conçus par Bosch.
Les lots de composants II, III, IV et V se montent les uns sur les autres, c'est-à-dire qu'ils ne doivent pas être commandés sans les lots de composants mentionnés plus haut.

Gamme des produits

I Chariot d'entraînement

Chariot 2 postes de travail
1. Vérin avec charge
dto. pour 2e poste de travail

II Hydraulique-BIBB

Lot de composants pour hydr. BIBB
Lot d'extension Exercice BIBB-E4 (Pièces électriques sans alimentation CD)

III Électro-hydraulique

Lot de composants électro-hydraulique
Support pour comp. électr. aliment. inclus (24 V-10 A)

IV Hydraulique Proportionnelle

Lot distributeur proportionnel
Lot salve de pression proportionnelle

V Technique API

Lot de composants

VI Accessoires

Dispositif de gonflage pour accus
Alimentation électr. pour BIBB-E 4 (24 V-3 A)
Capteur de proximité inductif
App. de mesure U, I, R
Chronomètre
Tachymètre
Manomètre digital
Support pour tuyaux composants et câbles
Support pour schémas
Plaque
Garniture à tiroir

Index

Accumulateurs, *78, 122*
Bar (unité), *10*
Calculs
Hydrauliques :
- centrale hydraulique, *25*
- caractéristique d'un fluide, *29*
- pompes, *33*
- vérins, *65, 69, 71, 73*
- moteurs, *77*
- accumulateurs, *81*
- tuyauterie, *89*
Clapets anti-retour, *58*
Classification des huiles, *27, 95*
Circuits hydrauliques, *18*
Couple hydraulique, *16*
Documentation
Diagrammes vérins :
- débit en fonction de la vitesse, *90*
- longueur de flambage, *91*
- facteur K, *92*
- force - pression - rendement, *93*
- dimensions, *94*.
Diagrammes centrale hyd :
- détermination, *96, 97, 98, 99, 100*
- les huiles, *95, 101*
Diagrammes accumulateurs hyd :
- détermination, *102 ,103, 104, 105*
Diagrammes pompes - moteurs :
- détermination, *106, 107*
Diagrammes tuyauteries :
- détermination, *108, 110, 111*
Débit, *14*
Distributeurs hyd :
à tiroir, *43*
principe fonctionnement, *44*
symbolisation, *46*
3/2, *50*
4/2, *51*
commande, *52*
4/3, *54*
positions médianes, *55*
choix, *118*
Domaines d'utilisation de l'hydraulique, *6, 7*
Drain, *19*
Filetages, *109*
Filtration, *34, 117*
Filtre de retour, *35*
Filtre à l'aspiration, *36*
Filtre de haute pression, *36*
Fluide hydraulique, *26, 95, 101*
Formules, *16*
Groupe générateur de puissance, *22, 116*
Huile (voir Fluide)
Hydraulique (définition), *4*
Hydrostatique - définition, *4*
Hydrodynamique, *5*
Indicateur de colmatage, *36*
Instructions montage des tuyauteries, *87, 123*
Installation hydraulique (schéma), *21*
Limiteur de pression, *38*
Maintenance, *116, 117, 118, 119*
Maintien en position d'une charge, *61*
Manomètre, *40*
Matériel didactique, *127*
Moteur hyd, *74, 121*
Multiplicateur de force, *13*
Multiplicateur de pression, *13*
Orifices (composants), *125*
Pompes à engrenages, *31, 117*
Pompes à palettes, *32*
Pression, *11, 13, 17*
Principe de Pascal, *10*
Puissance hydraulique, *15*
Puissance mécanique, *14*
Raccords, *88*
Réchauffage de l'huile, *28*
Réfection d'un vérin, *120*
Refroidisseur d'huile, *28*
Réglage du débit, *82*
Réglage de vitesse - moteur, *85*
Réglage de vitesse - vérin, *84*
Réservoir, *23*
Schématisation, *124, 125*
Symbolisation, *112, 113, 114, 115*
Systèmes de transmission d'énergie, *8*
Tuyauteries, *86, 110, 111*
Unités - système, *51, 9*
Utilisation des systèmes hydrauliques, *5*
Vérins hyd :
construction, *62*
amortissements, *63*
fixations, *64*
simple effet, *66*
double effet, *67*
différentiel, *70*
télescopique, *71*
mise en œuvre, *121*
Viscosité, *26*

Du même auteur dans la même collection :

Mémentos : • Pneumatique industrielle
• Automatismes industriels

Références : • Génie mécanique - Automatismes industriels
• Maintenance - Systèmes automatisés de production

Lexique : • Automatismes industriels

Photos - Schémas - Graphiques

Nous remercions les sociétés qui nous ont aidées dans notre recherche documentaire :

— CPOAC/Groupe Bosch
p. 6, fig. 1 à 3; p. 7, fig. 4 à 6; p. 21, fig. 3; p. 24, fig. 3; p. 25; p. 29; p. 31, fig. 1 et 2; p. 32, fig. 3; p. 35, fig. 2; p. 36, fig. 3 à 5; p. 39, fig. 4; p. 41; p. 43; p. 48; p. 56; p. 58, fig. 1 et 2; p. 59, fig. 3; p. 60, fig. 5; p. 62, fig. 1; p. 64, fig. 3; p. 67, fig. 3; p. 69, fig. 7; p. 74, fig. 1; p. 75, fig. 2; p. 78, fig. 1 et 2; p. 80, fig. 3; p. 81; p. 82, fig. 1; p. 83, fig. 2; p. 90 à 94; p. 96 à 105; p. 110 et 111. p. 122; p. 126 à 127.

— Euromat - Amiens
p. 71, fig. 4; p. 87; p. 89; p. 108; p. 119; p. 123.

L'auteur remercie les sociétés R. Bosch et « Henrion Euromat » - Amiens, pour l'aide apportée à la réalisation de cet ouvrage.

Edition : Isabelle Hannebicque
Coordination artistique : Danielle Capellazzi
Maquette : Studio Primart

N° d'Éditeur : 10127795 - JPM - Septembre 2005
Imprimé en France par Imprimerie Chirat, 42540 St-Just-la-Pendue - N° 7062